수학교실4 : 신기한 도형의 세계

영재들의 1등급 수학교실 4 : 신기한 도형의 세계

펴냄 2021년 4월 9일 1판 3쇄

지은이 신항균
일러스트 이유진
펴낸이 김철종

펴낸곳 (주)한언
출판등록 1983년 9월 30일 제1-128호
주소 서울시 종로구 삼일대로 453(경운동) 2층
전화번호 02)701-6911 **팩스번호** 02)701-4449
전자우편 haneon@haneon.com

ISBN 978-89-5596-855-2 63410

수학교실 4 : 신기한 도형의 세계

신항균 지음

물음표

탈레스가 알려주는 호기심의 위대함

여러분! 혹시 세계 최초로 수학에 관한 증명을 시작한 사람이 누구인지 아세요? 그는 일생 동안 자신에게 '왜,' '어떻게' 라는 질문을 하며 관찰과 예측을 바탕으로 연구를 하였다고 합니다. 그가 바로 탈레스랍니다.

▲ 탈레스

탈레스는 이집트의 이곳저곳을 여행하다가 우뚝 솟아있는 피라미드를 보게 되었어요. 탈레스는 피라미드의 거대함에 놀라 아무 말도 하지 못하였지요.

탈레스는 갑자기 거대한 피라미드가 얼마만큼 하늘로 높이 솟아 있는 것인지 궁금해졌습니다. 하지만 피라미드의 높이를 실제로 잴 수는 없었어요. 왜냐하면 꼭대기에 올라가서 밧줄을 아래도 던져 높이를 재려고 해도 경사가 져 있어 잴 수가 없었기 때문이지요.

탈레스는 곰곰이 생각하다가 우연히 피라미드의 그림자를 보게 되었습니다. 태양이 점점 아래로 내려옴에 따라서 탈레스 자신의 그림자와 피라미드 그림자 길이가 서서히 바뀌고 있음을 발견했습니다. 그 두 개의 그림자는 일정한 비율로 변하였기 때문에, 이는 탈레스가 필요로 했던 단서를 결정적으

로 제공한 셈이었어요.

　탈레스는 지팡이를 똑바로 땅에 세우고 지팡이의 그림자와 피라미드의 그림자를 관찰하였습니다. 그리고는 지팡이의 그림자와 피라미드의 그림자를 이용하여 다음과 같은 비례식을 세울 수 있었습니다.

$$\frac{\text{지팡이의 높이}}{\text{지팡이 그림자의 높이}} = \frac{\text{피라미드의 높이(알려져 있지 않음)}}{\text{피라미드 그림자의 높이}}$$

　그 결과 무려 146.6m나 되는 피라미드의 높이를 구할 수 있었지요.

　탈레스가 피라미드의 높이를 구했다는 소식은 이집트 전역에 빠르게 퍼지면서 탈레스의 지혜에 모든 사람들이 놀라워했답니다.

　이외에도 탈레스의 지혜를 잘 보여주는 일화가 있어요.

　소금을 실어 나르던 당나귀가 실수로 강물로 빠지고 말았어요. 당나귀등에 실렸던 소금은 어떻게 되었을까요? 소금은 강물에 녹아 거의 없어져 버리고 말았지요. 그 때부터 당나귀는 강을 건널 때마다 물에 빠지곤 하였습니다. 탈레스가 사람들을 시켜 당나귀의 다리에 이상이 있는지 살펴보게 하였지만 아무런 문제가 없었어요. '왜 그럴까? 라고 한참 고민하던 탈레스는 당나귀가 잔꾀를 부리는 것을 알게 되었어요. 탈레스는 지혜를 발휘하여 소금대신 솜을 싣게 하였어요.

　당나귀는 솜을 싣고 물 속에 빠져 허우적거리는 척 하다가 일어났습니다. 그런데, 이게 웬 일입니까? 당나귀는 움직이기 힘들 정도로 등에 실린 짐이 무겁게

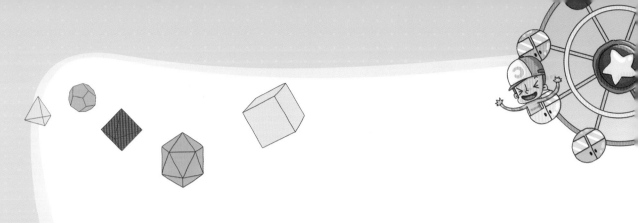

느껴졌습니다. 솜이 물을 빨아들여 더욱 무거워진 것이지요. 결국 잔꾀를 부리던 당나귀가 지혜로운 탈레스에게 혼이 난 셈입니다.

탈레스에 대해 말할 때, 발명가 기질이 있고, 상상력이 풍부하고, 책략이 뛰어나고, 호기심이 많다고들 합니다. 하지만, 탈레스를 이야기할 때마다 가장 많이 사용되는 말은 최초라는 단어입니다.

수학에서 최초로 증명을 하기 시작한 사람이 바로 탈레스이기 때문이지요. 호박을 문질러 최초로 정전기를 발생시키기 위한 실험을 하였고, 일년이 365일임을 최초로 제안한 사람도 탈레스였습니다. 또 탈레스는 도형의 성질을 연구하고 이것을 이용하여 많은 문제들을 풀었습니다. 이를테면 닮은꼴을 이용하여 해안에서 해상에 있는 배까지의 거리를 측정했고, 피라미드의 높이도 구했지요.

이 책에서는 다양한 도형에 대한 이야기가 담겨 있어요. 도형에 대한 성질에 대해 살펴보고 탈레스처럼 '왜', '어떻게'에 대해 고민해 보세요. 그러다 보면 여러분 생활에 다양한 문제들을 해결할 수 있을 거예요.

서울교육대학교 수학과 교수 신항균

이 책의 구성

1 주위에서 쉽게 볼 수 있는 다양한 도형들

우리 주위에는 다양한 도형들이 있답니다. 지금 당장 주위를 봐도 쉽게 찾을 수 있지요. 이런 도형의 특징을 잘 이해하면 실생활에 도움이 되는 일도 많습니다. 이 책은 주위에서 쉽게 볼 수 있는 여러 도형의 특징이 재미있게 전달될 수 있도록 다양한 놀이를 통해 설명하고 있습니다.

2 한 걸음 더

여러분도 알다시피 수학은 눈으로 보는 학문이 아니랍니다. 직접 그리고 만들어 보면 이해도 빠르고 수학의 재미도 느낄 수 있답니다. '한 걸음 더'에서는 여러분이 직접 참여할 수 있는 다양한 문제들을 통해 수학의 재미를 느낄 있도록 준비했답니다.

3 해답 및 부록

본문에 있는 재미있는 퀴즈에 대한 해설과 함께 여러분이 직접 만들어 볼 수 있는 다양한 학습놀이 도구를 준비했습니다.

차례
CONTENTS

직선과 직선이 만나면 생기는 각

　　미미와 미나는 박사님과 함께 하늘에 별 자리를 관찰하기 위하여 길을 나섰습니다. "박사님 너무 컴컴해서 무서워요." 어두운 것을 싫어하는 미나가 박사님께 말했습니다.

　　그러자 박사님이 언제 준비했는지 가방에서 손전등을 꺼내 아이들에게 하나씩 나눠주었습니다. 아이들은 재빨리 스위치를 작동시켜 불을 켰습니다.

　　손전등 불빛은 폭이 점점 넓어지면서 퍼져나갔어요.

　　"와아!" 환해진 주위를 보며 미나는 기뻐했습니다.

　　미나와 미미는 손전등 불빛이 신기했는지 하늘로 올려보기도 하고 이리저리 움직여보기도 하였답니다.

"하하, 신기하니?"

박사님이 웃으며 물었습니다. 아이들이 일제히 "네" 하고 대답하자
박사님은 기다렸다는 듯이 설명하기 시작하였습니다.

"이처럼 한 점에서 시작하여 한없이 뻗어나가는 선을 수학에서는
반직선이라고 하고, 반직선 두 개가 모여 이루어진 도형을 각이라고
한단다."

박사님은 잠시 생각하시더니 계속해서 설명을 했습니다.

"우리 주위에서 쉽게 각을 찾을 수 있단다. 그렇지, 하늘의 별자리
에도 각이 있지."

미나와 미미는 하늘을 올려다보며 별자리를 찾기 시작했습니다.

"박사님 저기 북두칠성이 있어요."

미미가 박사님의 말이 끝나기 무섭게 북두칠성을 찾았습니다.

"그럼 별들을 선으로 이어 보렴. 그 사이에서 각을 찾을 수 있단다."

여러분도 주위에서 각을 찾아보세요. 쉽게 찾을 수 있을 거예요.

여기서 잠깐!

직선과 반직선이 무엇인지는 알고 있죠? 그렇다면 직선과 반직선을 기호로 표시하는 방법은 무엇일까요? 기억해두면 유용할거예요.

직선AB = $\overleftrightarrow{AB}$ 반직선AB = $\overrightarrow{AB}$

 각의 기준 직각

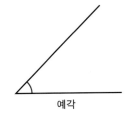
예각

직각

둔각

각에는 예각, 직각, 둔각 이렇게 3가지 종류가 있어요. 그 중에서 직각은 예각과 둔각을 결정하는 기준이 된답니다.

우리가 건물을 지을 때나, 사각형을 그릴 때, 땅을 측량할 때 모두 직각이 사용됩니다. 그래서 직각이 각을 분류하는 기준이 되는 거지요.

아차! 직각이 90도란 사실은 알고 있겠죠?

그렇다면 직각을 기준으로 각이 어떻게 분류되는지 알아볼까요?

앞에서 보듯이 직각을 기준으로 했을 때, 각이 작은 예각은 끝이 뾰족하게 보이고 직각보다 큰 둔각은 무딘 것을 알 수 있지요? 직각보다 작은 예각은 뾰족하다 날카롭다는 뜻의 한자 예(銳)를 사용하였고, 직각보다 큰 각은 무디다 둔하다는 뜻의 한자 둔(鈍)을 써서 둔각이라고 한답니다. 어때요? 쉽죠? 이제 아래 그림을 보고 직각, 예각, 둔각을 찾아 각각 표시하여 보세요.

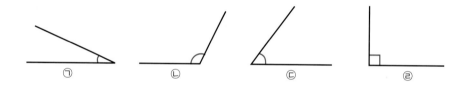

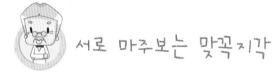

서로 마주보는 맞꼭지각

사람들이 다니는 길은 인도라고 하고, 자동차가 다니는 길은 차도라고 하는 건 다들 알고 있겠죠? 그렇다면 비행기가 뜨거나 내릴 때 달리는 길은 무엇이라고 할까요?

옆에 있는 그림이 바로 비행기가 다니는 길인 활주로랍니다. 그림을 보면 두개의 활주로가 서로 교차하고 교차하는 지점을 중심으로 주위에 4개의 각이 생긴 것을 알 수 있나요?

이제 각도기를 준비하세요. 각도기 사용하는 방법은 한 걸음 더에서 자세히 설명하겠어요. 각도기가 준비되었나요? 그러면 아래 그림에 있는 각1, 2, 3, 4를 재어보세요. 각1과 각3, 각2와 각4가 서로 같다는 것을 알 수 있죠.

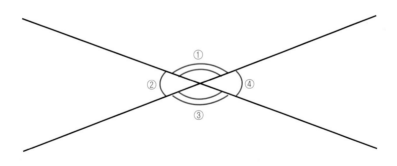

이처럼 서로 마주보는 각은 맞꼭지각이라고 하고 맞꼭지각은 서로 크기가 같답니다.

∠ 이 표시가 무엇인지 알고 있나요? 역시 여러분은 똑똑하군요! 바로 각을 기호로 표시한 것이랍니다. 예를 들어 각1, 각2는 ∠1, ∠2로 표시할 수 있답니다.

직각으로 만나는 수직, 절대 만나지 않는 평행

여러분은 직각이 무엇인지 알고 있을 거예요. 그렇다면 두 직선이 만나서 생기는 각이 직각이 될 때 무엇이라고 하는지 알고 있나요? 아래 그림을 보세요.

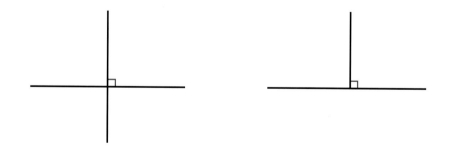

두 직선이 서로 만나서 생긴 각이 90도, 즉 직각이 됐죠? 이 때 두 직선은 수직이라고 합니다. 그리고 한 직선을 다른 직선의 수선이라고 하지요.

교차하는 두 직선은 어느 한 점에서 만나 4개의 각을 이뤘어요. 하지만 두 직선이 아무리 길어도 만나지 않는 직선이 있답니다. 어떻게 하면 될까요?

2008년 베이징 올림픽 수영 400m 자유형 경기에서 자랑스럽게 금메달을 목에 건 박태환 선수의 경기장면을 보았을 거예요. 각 국의 선수들이 서로 다른 레인에서 1등을 목표로 열심히 수영을 하는데, 각 레인을 구별하는 선은 서로 만나지 않는 것을 볼 수 있죠. 만약 레인이 서로 겹쳐서 선수들이 서로 부딪치는 경우가 생기면 안되겠죠? 수영뿐만 아니라 100m 육상경기도 마찬가지에요. 서로 부딪치는 경우 없이 일직선으로 뻗어 있는 것을 잘 알고 있을 거예요. 이처럼 평면에서 만나지 않는 두 직선을 평행이라고 하고, 서로 평행한 직선을 평행선이라고 한답니다.

▲수영장

이제 직접 자를 이용해서 평행선을 한 번 그려 보세요. 선을 아무리 연장해도 절대 만나지 않아야 평행이 된다는 것을 잊지 마세요. 혹시라도 기억이 안 나면 박태환 선수의 수영하는 모습을 생각해보세요. 그럼 잊어버리지 않겠죠?

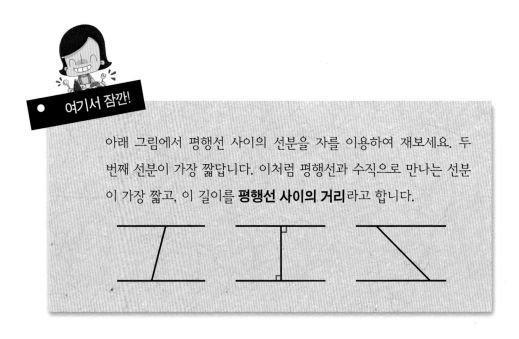

여기서 잠깐!

아래 그림에서 평행선 사이의 선분을 자를 이용하여 재보세요. 두 번째 선분이 가장 짧답니다. 이처럼 평행선과 수직으로 만나는 선분이 가장 짧고, 이 길이를 **평행선 사이의 거리**라고 합니다.

 동위각과 엇각은 무엇일까?

이제 두 직선에 직선 하나가 더해져서 두 직선과 다른 한 직선이 만나는 경우를 알아 볼 거랍니다. 어려울 것 같다고 겁먹은 친구는 없죠? 지금까지 이야기 했던 것들을 잊어버리지 않았다면 문제없을 거예요.

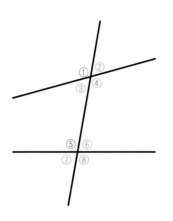

왼쪽의 그림을 보면 복잡해 보이지만 알고 보면 어렵지 않아요. 이 그림을 통해서 우리는 동위각과 엇각에 대해 배울 거예요. 왼쪽 그림에서 각은 총 몇 개가 보이나요? 모두 8개의 각이 있다는 것을 쉽게 알 수 있을 거예요.

이 중에서 ∠1과 ∠5, ∠2와 ∠6, ∠3과 ∠7, ∠4와 ∠8 은 서로 같은 위치에 있어요. 이처럼 위치가 같은 각을 동위각이라고 합니다. 같다는 의미의 한자 동(同)과 자리라는 의미의 한자 위(位)가 합쳐져서 만들어진 단어이지요.

∠3과 ∠6, ∠4와 ∠5의 위치는 서로 엇갈려 있음을 알 수 있어요. 그래서 이런 관계를 엇각이라고 한답니다.

어때요 전혀 어렵지 않죠? 계속해서 평행선이 한 직선과 만났을 때 동위각과 엇각이 어떻게 되는지 알아보겠어요.

우선 각도기를 준비해서 다음 그림의 동위각과 엇각의 크기를 재어보세요.

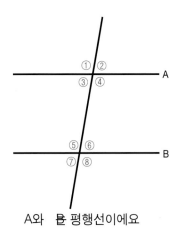

A와 B는 평행선이에요

알아차렸나요? 평행선이 다른 한 직선과 만나서 생기는 동위각과 엇각은 각각 같답니다. 여기에 앞에서 배운 '맞꼭지각은 서로 같다'는 사실을 응용하면 ∠2와 ∠6은 동위각이라서 같고, ∠3과 ∠7은 이들의 맞꼭지각이기 때문에 ∠2, ∠6, ∠3, ∠7이 같고, 같은 원리로 ∠1, ∠5, ∠4, ∠8이 같다는 것을 알 수 있습니다.

 각의 이등분선을 그려봅시다.

눈으로만 보고 있으면 재미가 없죠? 직접 손을 움직여서 그려보고 만들어 본다면 재미도 있고 더욱 머리에 잘 남을 거예요. 여러분의 재미를 위해 세 가지를 준비해 보았어요. 우선 각의 이등분선 그리기에 도전해 봅시다. 그림을 그리려면 준비물이 있어야겠죠? 기름종이와 같은 투명한 종이 2장과 필기구를 준비하세요. 그림을 보면서 순서대로 따라하면 재미있는 사실을 알게 될 거예요.

❶ 자를 이용하여 기름종이에 임의의 크기로 각을 만들어 보세요.

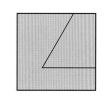

❷ 그림과 같이 각의 변들이 서로 겹쳐지게 접어 보세요.

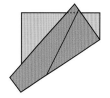

❸ 접은 선이 각을 이등분하였나요?
∠a를 투명한 종이를 이용해 본뜬 다음 ∠b 위에 겹쳐 확인해보세요. 제대로 이등분 되었는지 확인할 수 있을 거예요.

❹ 각의 이등분이 제대로 되었는지 확인하였다면 각의 이등분선 위에 점을 찍어보세요.
이 점의 특징은 무엇일까요?
투명 종이를 이용하여 특징을 찾아보도록 해요.

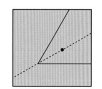

❺ 특징을 찾아보기 위해 새로운 투명종이를 각의 한 변 위에 놓아 보세요. 4단계에서 찍은 점을 지나면서 각의 한 변과 수직이 되도록 그림과 같이 놓으면 됩니다.

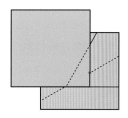

❻ 투명종이에 길이를 표시해 보세요. 이번에는 각의 다른 변에서 5단계를 반복하여 그 길이를 비교해보세요.

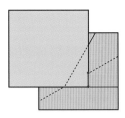

각의 이등분선 위의 점에서 각의 변에 이르는 거리에 대해 무엇을 알 수 있었나요? 아래 빈칸을 채워 넣어 보세요.

각의 이등분선 위의 점에서 ＿＿＿＿＿＿＿＿는 같다.

 선분의 수직이등분선을 그려봅시다.

이번에는 여러분이 임의의 선분을 그리고 그 선분을 이등분하는 선을 그려보도록 하겠어요.

❶ 투명종이 위에 여러분 마음대로 임의의 선분을 그려보세요.

❷ 여러분이 그린 선분의 양 끝점이 서로 겹쳐지도록 투명종이를 접어보세요.
접은 선은 선분을 똑같이 이등분하였나요?

22

❸ 접은 선이 선분을 똑같이 이등분 하였다면 그
부분에 점을 찍어보세요.
이 점을 선분의 중점이라 부른답니다.

❹ 다른 투명종이의 모서리를 이용하여 접은 선과 선분이 만드는
각이 직각이 되는지 확인해보세요.
선분의 수직이등분선 위의 점들을 어떻게 설명할 수 있을까요? 선
분의 수직이등분선 위 임의의 점은 어떤 특징이 있을까요? 계속해
서 그림을 통해 알아보도록 해요.

❺ 2단계에서 접은 선분의 수직이등분선 위에 점을
찍어보세요.

❻ 마지막으로 수직이등분선 위의 점에서 선분의
각 끝점까지의 거리를 비교해보세요. 두 점 사이의
거리를 비교하기 위해 새로운 투명종이를 위에 얹
고 임의의 점에서 선분의 한 점까지 표시하고 반대
쪽과 비교해보면 된답니다.

선분의 수직이등분선 위의 점에서 선분의 양 끝점에 이르는 거리

에 대해 알 수 있는 것은 무엇인가요? 수직이등분선 위의 점은 양 끝 점 중 어느 하나에 더 가까이 있나요?

여러분이 직접 그려보았다면 쉽게 아래 빈칸을 채울 수 있을 거예요.

선분의 수직이등분선 위의 한 점은 _____과 같은 거리에 있다.

 점으로부터 주어진 직선에 수직인 선 만들기

이번에는 위의 두 가지에 비해 쉬운 것이랍니다. 부담가지지 말고 재미있는 놀이한다고 생각하고 그려보세요.

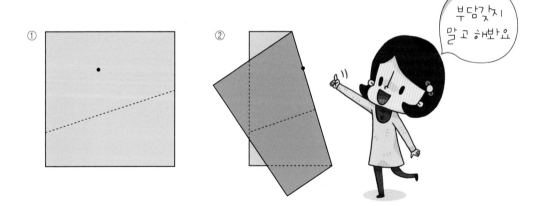

❶ 투명한 종이에 직선을 하나 그리거나 접어보세요. 그림과 같이 직선 위에 있지 않는 점을 하나 찍어보세요.

❷ 직선이 서로 겹치면서 접은 선이 여러분이 찍은 점을 지나도록 접어 보세요. 설명이 어렵다면 그림을 보면 쉽게 이해할 수 있을 거예요.

❸ 새로운 종이를 이용하여 주어진 직선과 접은 선이 수직이 됨을 확인하세요.

어때요? 쉽게 직선에 수직인 선을 만들 수 있었나요? 여기에서 소개한 방법은 하나만 있는 것이 아니랍니다.

여러 방법 중 한 가지를 소개한 것이지요. 여러분이 새로운 방법을 찾아보는 것도 재미있을 거예요. 곰곰히 생각해서 더 쉽고 빠른 방법을 찾아보세요.

또, 어떤 것들이 있을까?

각도기 사용법에 대해 알아봅시다

1장에서는 각에 대해 배웠어요. 각을 쉽게 측정할 수 있는 도구가 바로 각도기랍니다. 각도기를 사용하면 손쉽게 각이 몇 도인지 알 수 있겠죠? 배워보고 싶지 않나요? 그림을 보면서 설명대로 따라하면 쉽게 각도기를 사용할 수 있을 거예요.

❶ 반직선 두개가 모여 이루어진 도형이 각이라는 사실은 알고 있죠. 우선 주위에 있는 빨대나 성냥으로 각을 한 번 만들어 보세요. 연습장에 각을 직접 그려보는 것도 좋지요.

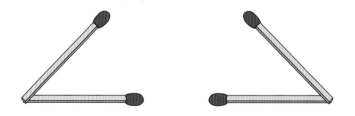

❷ 각을 만들었으면 그림처럼 각도기를 위에 올려 보세요. 주의할 점은 각의 꼭짓점과 각도기의 중앙이 일치해야 하며, 각의 한 변과 각도기의 평행선이 일치하게 배치해야 한다는 것입니다.

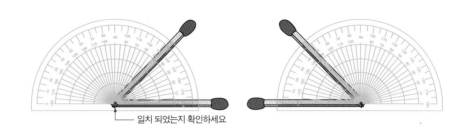

일치 되었는지 확인하세요

❸ 각의 나머지 한 변을 각도기의 0부터 시작해서 읽어 가면 우리가 얻고자 하는 값을 찾을 수 있을 거예요.

여기 눈금을 읽어 보세요

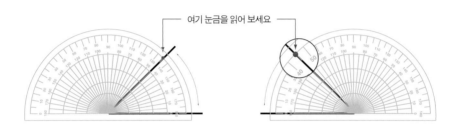

어렵지 않았죠? 아래 각도를 재어보면서 사용법을 확실히 익히도록 해요.

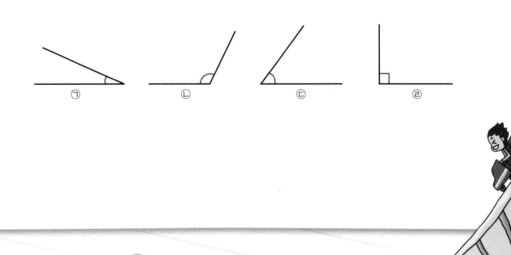

㉠   ㉡   ㉢   ㉣

오늘 어떤 것들을 배웠는지 기억나나요? 워낙 많은 것들을 배워서 다 기억나지 않을 거예요. 하지만 낙심할 필요는 없답니다. 한번에 많은 것을 배우면 다 기억하는 일이 쉽지 않기 때문이지요. 천천히 생각해보고, 직접 그렸던 내용들을 떠올려 보세요. 생각이 좀 나나요? 그렇다면 아래에 생각나는 단어들을 적어보세요.

_____

_____

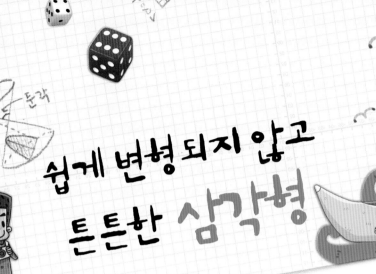

쉽게 변형되지 않고 튼튼한 삼각형

"야아 에펠탑이다!"

미나와 소라가 소리쳤습니다. 박사님을 따라서 파리 구경을 하다가 에펠탑을 처음 본 아이들은 기쁘고 신기하여 어쩔 줄 몰랐습니다.

"이 에펠탑은 1889년 프랑스 정부가 프랑스 혁명 100주년을 기념하는 박람회를 계획하면서 만들게 되었단다."

▲에펠탑

29

박사님의 설명이 이어졌습니다.

"그래서 박람회를 기념할만한 건축물을 공모하게 되었는데, 그때 유명한 교량기술자 귀스타브 에펠이 제안한 이 탑을 만들기로 결정하였지. 근데 처음 만들었을 당시는 유명한 성당이나 동상 등에 비하여 철골들이 다 보이는 이 구조물이 아름답지도 않고 눈살을 찌푸리게 하여 없애자는 말들이 많았단다. 그러나 프랑스 사람들은 이것을 없애는 대신에 여러 가지 보완을 해 보존함으로써 이제는 프랑스를 대표하는 상징물이 되었지."

박사님의 긴 설명이 끝나자 주의 깊게 살펴보던 철이가 물었습니다.

"박사님 왜 여기 에펠탑에서 철골들이 모두 삼각형 모양을 하고 있나요?"

철이가 내심 기특했던지 철이의 머리를 한 번 쓰다듬으신 박사님이 실험을 제안했습니다.

"아 좋은 질문이야! 그건 말이다, 실험을 해보면 쉽게 알 수 있지. 숙소로 돌아가서 실험을 해 보자꾸나!"

숙소로 돌아 온 박사님은 철이와 미나, 그리고 소라에게 두꺼운 종이 막대를 하나씩 나눠줬습니다. 종이를 받은 아이들은 박사님이 무슨 말씀을 하실지 조용히 기다리고 있었어요.

"이제 각자가 가지고 있는 종이 막대를 이용해서 삼각형과 사각형

을 만들어보거라."

박사님이 말씀하셨습니다. 아이들은 열심히 삼각형이나 사각형을 만들기 시작했어요.

"다 만들었으면 한 꼭짓점을 잡고 이러 저리 힘을 주어 밀어보자. 어때 무엇을 느낄 수 있지? 그래 바로 그렇단다. 삼각형은 모양이 그대로지만 사각형은 이러 저리 밀리는 것을 알 수 있지? 이와 같이 삼각형은 힘을 주어도 쉽게 변형되지 않아서 구조물을 만들 때 주로 이용한단다. 너희가 즐겨 타는 자전거 뼈대도 변형을 막기 위해 삼각형 모양으로 만들었단다."

여러분도 직접 종이 막대로 삼각형과 사각형을 만들어서 실험 해 보세요. 어때요? 정말 삼각형이 변형되지 않고 튼튼한가요?

이제부터 삼각형에 대해 좀더 자세하게 알아볼 거예요. 다양한 삼각형의 종류에 놀라지 않도록 주의하세요.

 ## 3개의 변 그리고 3개의 각

삼각형은 3개의 곧은 선분으로 되어 있는데 이것을 변이라고 한답니다. 그리고 삼각형 안에는 3개의 각이 존재해요. 그래서 삼각형에서는 3개의 변과 3개의 각이 주요한 요소가 된답니다. 3개의 변과 3개의 각이 갖추어지지 않으면 삼각형이라고 할 수 없지요.

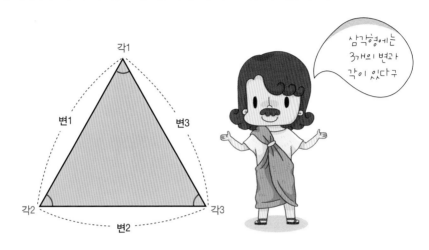

삼각형을 우리 주위에서 한 번 찾아볼까요? 조각난 피자, 트라이앵글, 삼각자 등이 생각나지요?

하지만 조각난 피자나 트라이앵글은 정확히 말해서 삼각형이라고 할 수 없답니다. 이제 그 이유를 살펴보면서 삼각형의 정의를 명확히 알아보도록 해요.

이유를 살펴보기 전에 처음에 말했던 삼각형의 조건을 다시 한번 생각해보세요. 곧은 선분으로 이루어진 3개의 변과 3개의 각이 주요소라고 했었지요? 그럼 앞의 그림에서 조각난 피자를 살펴보세요. 무엇이 잘못된 거 같나요? 그렇지요. 바로 곧은 선분으로 이루어져야 하는데 한 변이 곧은 선분이 아님을 알 수 있어요. 그렇다면 트라이앵글은 왜 삼각형이 안 될까요? 이번에는 각이 문제네요. 각은 두 반직선이 모여서 이루어진 도형인데 트라이앵글은 한쪽이 이어지지 않아서 각이 2개만 존재한다는 것을 알 수 있지요.

이제 삼각형을 확실히 구분 할 수 있겠지요? 아래 문제를 통해 확인해보세요.

아래 그림에서 삼각형을 모두 골라보세요.

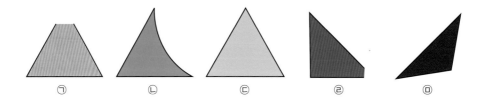

쉽게 찾았나요? 위에서 삼각형은 ㄷ과 ㅁ이에요. ㄱ과 ㄹ은 트라이앵글과 같은 경우이고 ㄴ은 조각난 피자와 같은 경우이지요. 삼각형의 조건이 생각나지 않는다면 피자조각과 트라이앵글을 떠올려보세요. 쉽게 답을 구할 수 있을 거예요.

삼각형의 세 각의 합은 몇 도 일까요?

삼각형은 3개의 각을 가지고 있습니다. 그렇다면 이 3개의 각을 모두 더하면 몇 도가 될까요? 각도기를 사용해서 측정한 다음 모두 더하면 쉽게 알 수 있지만, 다음과 같이 투명종이를 이용하여 삼각형의 세 각의 합을 구해보세요.

우선 종이 위에 임의의 삼각형을 그리세요.

삼각형을 그렸으면 투명 종이 3장을 준비하여 각 장에 각을 하나씩 본뜬 다음 이것들을 합하여 놓아보세요. 어떻게 되었나요? 그렇지요, 세 각을 모아 놓은 것이 직각 2개를 모아 놓은 것과 같은 180도라는 것을 알 수 있어요.

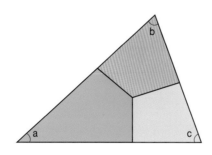
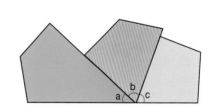

아래 삼각형이 준비돼 있습니다. 위에서 했던 방법으로 투명종이를 이용하여 세 각의 합을 구해보세요.

몇 도인가요? 역시 180도가 나오지요? 이처럼 삼각형의 세 각의 합은 180도입니다. 세 각의 합이 180도가 아니라면 그것은 삼각형이 아니랍니다.

 ## 각을 이용해 삼각형을 분류할 수 있어요.

삼각형은 각으로도 분류할 수 있고, 변으로도 분류할 수 있지요.

먼저 각으로 분류하여 보겠습니다. 각을 기준으로 할 때 직각삼각형, 둔각삼각형, 예각삼각형으로 분류가 가능합니다. 그럼 하나씩 설명하도록 할게요.

여기서 잠깐 여러분에게 물어 볼게요. 직각과 둔각 그리고 예각이 무엇이지요? 1장에서 배웠으니까 쉽게 대답할 수 있을 거예요. 90도인 직각을 기준으로 크면 둔각, 작으면 예각이지요. 삼각형에 이 사실을 그대로 적용하면 쉽게 분류할 수 있어요.

피타고라스 정리와 직각 삼각형

삼각형의 세 각 중 가장 큰 각이 직각인 경우가 있어요. 그런데 삼각형의 세 각을 모두 합하면 180도가 되어야 하므로 직각을 가지고 있는 삼각형의 나머지 두 각의 합은 90도가 됩니다.

두 각의 합이 90도가 되어야 하기 때문에 두 각은 각각 90도 보다 작은 예각이 되겠지요? 이와 같이 한 각이 직각이고 나머지 두 각이 예각인 삼각형을 직각삼각형이라고 한답니다.

▲피타고라스

한각이 90도
이면 직각삼각형
이라고 하는구나!

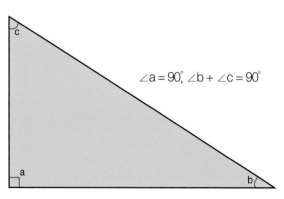

$\angle a = 90°, \angle b + \angle c = 90°$

직각삼각형하면 수학자가 한명 떠오르지요? 바로 피타고라스입니다. 피타고라스는 직각삼각형에서 가장 긴 변의 제곱이 나머지 두 변의 제곱의 합과 같다는 사실을 증명해냈어요. 이것이 바로 피타고라스의 정리랍니다. 피타고라스의 정리를 이용하면 두 변의 길이를 알고 있을 때 가장 큰 변의 길이를 구할 수 있겠지요? 아래 직각삼각형이 있어요. 여러분이 직접 가장 긴 변의 길이를 구해보세요.

피타고라스의 정리를 이용하면 $c^2=a^2+b^2$이기 때문에 c^2은 $3^2 + 4^2$이 됩니다. 즉 $c^2=25$가 되고 $c=5$가 됩니다. 피타고라스의 정리, 알아두면 유용하겠죠?

둔해 보이는 삼각형

직각과 예각 그리고 둔각 중에 가장 둔해 보이는 각은 둔각이죠. 그렇다면 둔해 보이는 삼각형은 무엇일까요? 그렇습니다. 바로 둔각삼각형입니다. 세 각 중에 가장 큰 각이 둔각인 경우, 직각삼각형과 마찬가지로 나머지 두 각은 예각입니다. 이렇게 둔각을 가지고 있는 삼각형을 둔각삼각형이라고 한답니다.

아래 다양한 삼각형이 있어요. 둔각삼각형을 찾아보세요.

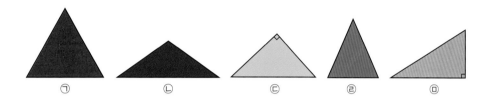

종류가 너무 많아서 찾기 어려웠나요? 먼저 가장 큰 각이 어느 각인지 찾아보세요. 그리고 그 각이 90도 보다 큰지 작은지 확인해보면 둔각삼각형을 찾을 수 있을 거예요. 정확히 찾고자 하면 각도기를 이용해서 측정해보면 되겠죠.

날카로운 삼각형

직각삼각형과 둔각삼각형을 분류해 보았어요. 한마디로 요약하면 직각을 가지고 있으면 직각삼각형, 둔각을 가지고 있으면 둔각삼각형이 되는 것이지요. 그럼 직각이나 둔각을 가지지 않는 삼각형은 무엇일까요? 그렇지요, 직각도 아니고 둔각도 아닌 삼각형은 예각삼각형이 되며, 세 각이 모두 예각이랍니다. 예각삼각형은 예(銳)각으로만 이루어져서 다른 삼각형에 비해 날카로워 보일 수 있어요.

점검하는 의미에서 아래 삼각형들을 직각삼각형, 예각삼각형, 둔각삼각형으로 나눠보세요.

• 직각삼각형 _____   • 예각삼각형 _____   • 둔각삼각형 _____

 변을 이용해서 삼각형을 분류할 수 있어요.

이번에는 삼각형의 변을 이용한 분류에요. 각으로 분류했을 때는 직각·둔각·예각삼각형 세 가지로 나눴지요. 변을 이용한 분류는 길이가 같은 변의 개수에 의해 이등변삼각형과 정삼각형으로 분류된답니다. 삼각형의 세 변 중 두개가 같은 삼각형을 이등변삼각형이라고 하고, 세 변이 모두 같은 삼각형을 정삼각형이라고 합니다. 색종이를 가지고 다음과 같이 이등변삼각형과 정삼각형을 접어보세요.

정삼각형 접기

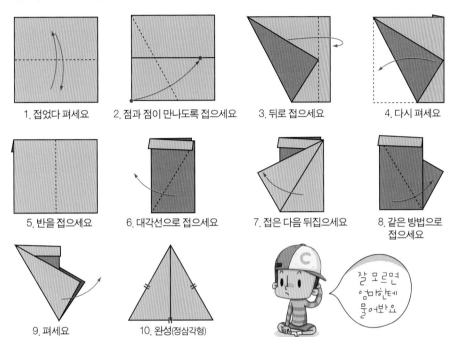

1. 접었다 펴세요

2. 점과 점이 만나도록 접으세요

3. 뒤로 접으세요

4. 다시 펴세요

5. 반을 접으세요

6. 대각선으로 접으세요

7. 접은 다음 뒤집으세요

8. 같은 방법으로 접으세요

9. 펴세요

10. 완성(정삼각형)

잘 모르면 엄마한테 물어봐요

이등변삼각형 접기

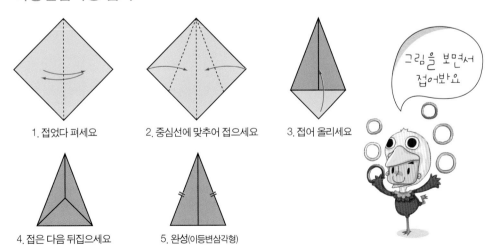

1. 접었다 펴세요

2. 중심선에 맞추어 접으세요

3. 접어 올리세요

그림을 보면서 접어봐요

4. 접은 다음 뒤집으세요

5. 완성(이등변삼각형)

볼펜을 살려주세요!

다음과 같이 책을 두 부분으로 쌓고 그 위에 양쪽으로 걸치게 종이 한
장을 올려놓으세요. 그리고 종이 위에 볼펜을 올려놔 보세요. 어떻게
될까요?

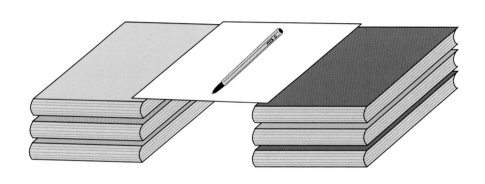

종이와 볼펜이 밑으로 떨어졌지요? 그럼 어떻게 하면 종이 위에 볼펜
을 올려놓을 수 있을지 생각해 보세요.

삼각형을 만들어보세요

다음 그림에 직선 2개를 그려 10개의 삼각형을 만들어보세요.

주위에 색종이나 연필이 놓여 있나요? 단지 눈으로만 보는 것은 재미도 없고 오래 기억되지 않아요. 직접 만들어보고 그려보는 것은 좋은 공부가 된답니다. 주위에 색종이 조각이 있는 친구는 잘했다고 스스로에게 칭찬 한마디 해주세요.

_____

_____

CHAPTER 03

쉽게 볼 수 있는 도형 사각형

도형은 우리 주변에서 얼마든지 찾을 수 있습니다. 지금 주위를 둘러보세요. 어떤 모양이 가장 많이 보이나요? 네모난 모양이 가장 많은 걸 볼 수 있지요? 도형은 어디에서나 찾을 수 있어요. 그 중에서 네모난 모양, 사각형은 특히 쉽게 찾을 수 있지요.

오늘 아침 여러분이 일어난 침대며 햇볕을 가득 전해준 창문, 그리고 여러분이 공부하는 책상 모두 어떤 모양인가요? 그렇지요. 바로 사각형입니다. 뿐만 아니라 책장에 꽂혀 있는 다양한 책들도 모두 사각형이에요. 이 장에서는 주위에서 쉽게 볼 수 있는 도형 사각형에 대해 자세히 알아보겠어요.

 다양한 종류의 사각형

아이들이 방과 후 집으로 돌아가는 길에 수학시간에 배운 재미있는 도형에 대해 이야기를 나누고 있었습니다. 그런데 유독 미미는 고민이 있는 표정을 짓고 있었어요. 마음 따뜻한 철이는 미미에게 무슨 안 좋은 일이 있는지 걱정이 돼서 물었습니다.

"미미야! 무슨 일 있어? 아까부터 계속 고민하는 표정이야?"

미미는 철이 질문에 언제 그랬냐는 듯이 밝게 웃으며 대답했습니다.

"아! 아니야 아무 일 없어. 단지, 왜 우리 주위에는 온통 네모난 모양밖에 없을까 생각해 봤어. 학교 칠판도 네모이고, 책도 네모, 가방도 네모, 온통 네모난 모양뿐이잖아."

미미에 대답에 철이는 피식 웃으며 말했어요.

"다행이다. 난 무슨 안 좋은 일 있는 줄 알았지. 그럼 우리 박사님께 가서 네모에 대해 이야기 해 달라고 하자."

아이들은 우르르 박사님을 찾아 갔어요.

여러분도 미미처럼 주위에 온통 네모밖에 없다는 생각을 해본 적이 있나요? 실제로 우리 주위에 네모, 즉 사각형만 있는 것이 아니랍니다. 여러분이 이미 알고 있듯이 다양한 도형들이 있지요. 하지만 그만큼 네모가 많아서 온통 네모만 있는 것처럼 느껴지는 것이랍니다. 그럼 박사님이 네모에 대해 어떤 이야기를 해주는지 함께 들어볼까요?

"박사님 네모에 대해서 이야기 해주세요." 미미가 말했습니다.

"네모? 사각형 말이구나. 흠, 우리 주위에서 사각형을 쉽게 찾을 수 있는 것은 알고 있지? 그렇다면 사각형의 종류도 다양하다는 것은 알고 있니? 너희들이 생각하는 사각형을 종이에 한 번 그려 보거라."

박사님이 아이들에게 종이를 한 장씩 나눠주며 말씀하셨습니다.

아이들은 자신이 그린 사각형을 서로 비교해보았어요. 신기하게도 아이들이 그린 사각형은 제각기 다른 모양을 하고 있었습니다.

여러분도 머릿속에 떠오르는 사각형을 그려보세요. 어떤 모양이죠?

 사각형, 이런 것이구나!!

우리는 2장에서 삼각형에 대해 배웠어요. 복습하는 의미에서 물어볼게요. 삼각형을 한마디로 정의하면 무엇인가요? 그렇지요, 바로

3개의 선분으로 이루어진 도형이랍니다. 계속해서 질문 하나 더, 사각형의 정의를 내려보세요. 너무 쉬웠나요? 4개의 선분으로 이루어진 도형이 바로 사각형이랍니다.

대각과 대변

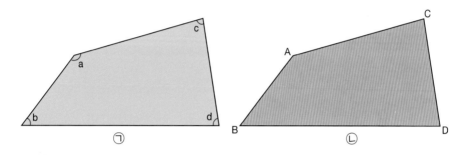

위에 사각형 그림이 2개 있죠? ㉠에는 네 개의 각이 표시되어 있고, ㉡에는 네 개의 변이 표시되어있어요.

사각형은 네 개의 변과 네 개의 각이 있기 때문에 서로 마주 보는 두 쌍의 변과 각이 있는 것을 볼 수 있을 거예요. 그림㉠에서는 ∠a와 ∠d, ∠b와 ∠c가 서로 마주보고 있고, 그림㉡에서는 변AC와 BD, 변 AB와 CD가 서로 마주보고 있지요?

이처럼 서로 마주보고 있는 각을 대각, 변을 대변이라고 한답니다.

다음에 나오는 그림을 보세요, 빈칸이 보이지요? 빈칸에 들어갈 알맞은 말을 적어보세요.

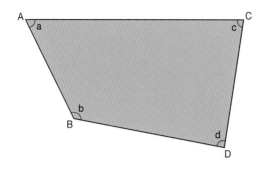

∠a와 ∠d는 _____이다.
변AB와 변CD는 _____이다.

 ## 어떤 사각형들이 있을까?

앞에서 우리는 다양한 종류의 사각형이 있다는 사실을 알았어요. 하지만 그 사각형들이 어떤 사각형인지 배우지 않았죠? 지금부터 그 종류들을 하나하나 설명하도록 하겠어요.

대변으로 분류되는 사각형

사각형 중에는 대변이 평행한 것이 있답니다. 사각형의 대변이 두 쌍 있다는 것 잊지 않았죠? 이 대변의 몇 쌍이 평행한가에 따라 두 가지의 사각형으로 분류할 수 있어요. 대변 한 쌍이 평행한 사각형을 사다리꼴이라고 하고, 두 쌍의 대변이 각각 평행한 것을 평행사변형이라고 한답니다. 다음에 나오는 그림을 보세요. ㉠와 ㉡, 어느 것이 사다리꼴이고, 어느 것이 평행사변형인가요?

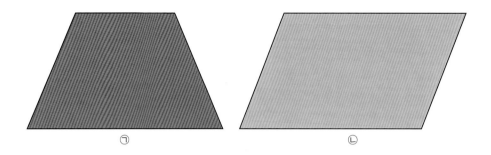

평행사변형의 분류

두 쌍의 대변이 각각 평행한 평행사변형 중에는 각이 모두 같은 것이 있고, 변이 모두 같은 것이 있습니다. 각이 모두 같은 것을 직사각형, 변이 모두 같은 것을 마름모라고 한답니다.

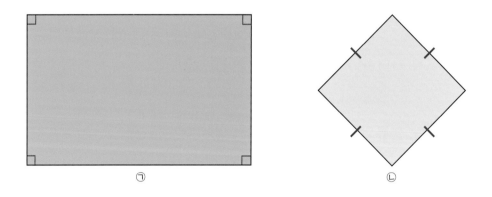

㉠은 직사각형이에요. 삼각형 중에 한 각이 직각일 경우 직각삼각형이라고 했지요. 사각형은 네 각이 모두 직각일 때를 직사각형이라고 한답니다. 사각형의 네 각을 모두 합하면 360도가 되므로 네 각의 크기가 모두 같은 직사각형은 네 각이 각각 직각이 되는 것이지요.

$$360° / 4 = 90°$$

ⓛ은 마름모랍니다. 마름모란 이름이 어떻게 생겼는지 궁금하지 않나요?

마름모는 마름이라는 식물이름에서 유래됐답니다. 처음에는 마름이라는 뜻의 능(菱)자를 써서 능형이라는 명칭으로 쓰였는데요, 우리 한글학자들이 순 우리말인 마름에 세모, 네모, 모서리 할 때의 모자를 합쳐서 만든 말이랍니다.

▲마름

사진이 바로 마름이라고 불리는 식물이에요. 어때요? 마름모와 닮은 것 같나요?

평행사변형? 마름모?

사각형에서 네 각이 모두 같으면 직사각형이고, 네 변이 모두 같으면 마름모라고 했습니다. 그렇다면 네 각과 변이 모두 같은 사각형은 무엇이라고 할까요?

아하! 나는 알 것 같은데…

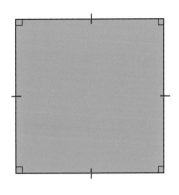

바로 정사각형이라고 한답니다. 알고 있었나요? 정사각형은 변이 모두 같으므로 마름모라고 할 수 있어요. 게다가 각도 모두 같으므로 직사각형이라고 할 수도 있답니다.

연모양과 등변사다리꼴

사각형에서 이웃하는 두 변의 길이가 각각 같은 사각형과 이웃하는 각이 각각 같은 사각형은 어떤 모양일까요? 이웃하는 두 변의 길이가 각각 같은 사각형은 아래 왼쪽 그림과 같은 모양이 되는데 이 모양을 연모양이라고 합니다. 또 이웃하는 각이 각각 같으면 아래 오른쪽과 같은 사다리꼴이 되는데 이러한 사다리꼴은 평행이 아닌 변의 길이가 서로 같습니다. 그래서 이런 사다리꼴을 등변사다리꼴이라고 한답니다.

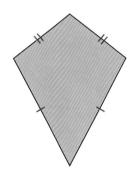 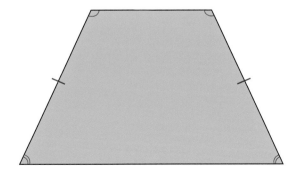

사각형의 포함관계

어떤 포함 관계를 가지고 있을까요?

사각형의 종류가 참 많죠? 그런데 사각형의 종류에 대해 공부하면서 의문점이 생긴 친구는 없었나요?

우리는 정사각형이 마름모도 되고 직사각형도 된다는 것을 배웠어요. 정사각형만이 아니랍니다. 사각형은 서로 포함관계를 형성하고 있어요. 다른 예를 들어볼게요. 직사각형을 생각해보세요. 직사각형은 네 각이 모두 직각이고 두 쌍의 대변이 평행하지요? 두 쌍의 대변이 평행하기 때문에 직사각형은 평행사변형이라고 할 수도 있답니다.

무슨 말인지 알겠나요? 그림을 보면 좀 더 쉽게 알 수 있을 거예요.

그 전에 우선 지금까지 알아본 사각형에 특징을 한 번 적어보도록 해요.

사각형 : 네 개의 선분으로 이루어진 도형

사다리꼴 : 한 쌍의 대변이 평행

평행사변형 : 두 쌍의 대변이 평행

직사각형 : 네 각이 모두 같다

마름모 : 네 변이 모두 같다

정사각형 : 네 각과 변이 모두 같다

사각형들의 특징을 살펴보세요. 위로 올라갈수록 더 큰 범위를 포함한다는 사실을 알 것 같나요? 이제 아래 그림을 보면 확실히 알 수 있을 거예요.

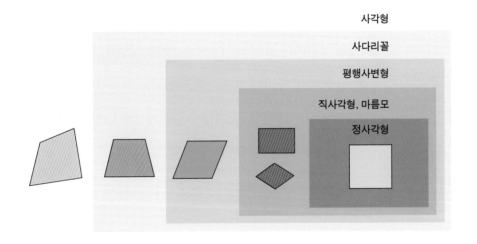

그림으로 보니깐 한눈에 쏙 들어오죠? 가장 아래 단계인 정사각형은 직사각형, 마름모, 평행사변형, 사다리꼴 모두 될 수 있는 것이지요. 위의 그림을 머릿속에 그려두면 헷갈리지 않을 거예요.

사각형 만들기 놀이

성냥을 이용한 게임을 하려고 합니다. 이 게임을 하기 위해서는 길이가 같은 12개의 성냥이 필요해요. 성냥이 없다면 종이 막대 12개를 준비해도 된답니다. 여러분이 가지고 있는 성냥 12개를 모두 사용해 정사각형을 만들어 보는 게임이에요.

성냥 4개를 사용하면 1개의 정사각형을 쉽게 만들 수 있어요. 하지만 이 게임은 1개의 정사각형을 만들더라도 12개의 성냥을 모두 사용해야 한다는 규칙이 있어요. 당연히 2개, 3개를 만들 때도 같은 규칙이 적용 되지요.

그림1을 보세요. 12개의 성냥을 모두 사용해서 3개의 정사각형으로 만들었지요?

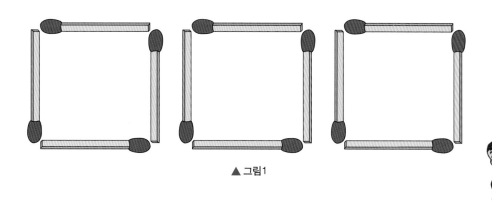

▲ 그림1

그림2 역시 12개의 성냥으로 4개의 정사각형을 만들었답니다 (그림 2 에서도 알 수 있듯이 성냥이 서로 겹쳐져도 된답니다).

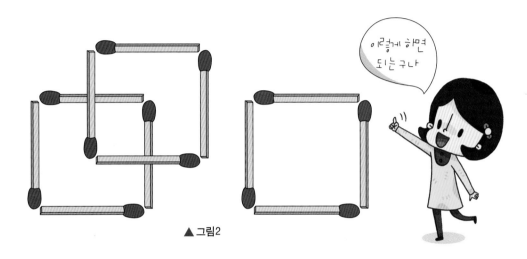

▲ 그림2

이제 여러분들이 1개의 정사각형부터 차례차례 만들어 보세요. 친구와 누가 더 빨리 만드나 시합을 하면서 재미있는 사각형 만들기 놀이를 해보세요.

여러 가지 방법이 있을 수 있으니까 다양한 방법으로 정사각형을 만들어 보세요. 그리고 친구는 어떤 방법으로 만들었는지 자기가 만든 것과 비교해보세요.

자, 모두 게임 할 준비가 됐나요? 그럼 한번 출발해 볼까요?

성냥 8개

여러분은 12개의 성냥으로 최대 몇 개의 정사각형을 만들 수 있었나요? 자, 이제는 4개를 줄여서 8개로 한 번 도전해보세요.

마침표 찍고가기

사각형 만들기 놀이 재미있었나요? 이처럼 수학은 알면 알수록 재미있는 과목이랍니다. 수학이 재미없다고 한 친구가 있으면 이 놀이를 알려줘보세요. 수학의 재미에 푹 빠질 거예요. 친구와 함께 사각형 만들기 놀이를 했다면 잘했다고 칭찬 한마디 적어보세요.

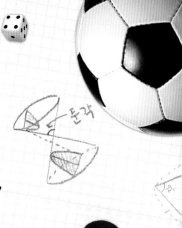

CHAPTER 04

모두가 평등한
원

▲ 스톤헨지

"자 오늘은 역사 공부를 해 볼까?"

박사님이 아이들을 모아 놓고 말씀을 시작하셨습니다.

"이 사진이 뭔지 알겠니? 이 사진은 아주 오래전에 영국에서 만들어진 돌 건축물이란다." 박사님이 한 장의 사진을 아이들에게 보여주며 설명을 했습니다.

"이것은 스톤헨지(Stonehenge)

라고 하지. 그런데 이 건축물이 무엇을 하는 곳이었는지는 기록이 없어서 알 수 없단다. 종교적 건축물이었는지 아님 달이나 해를 관측하는 천문대였는지, 날짜를 계산하는 곳이었는지 알 수가 없지. 그러나 이 건축물의 남아 있는 부분을 보면 이 건축물이 원래는 원형이었다는 것을 짐작할 수 있단다. 그럼 왜 원 모양이었을까?"

"가장 만들기 쉬운 모양이라서 그렇지 않을까요?" 혁이가 장난스럽게 말했습니다.

"사람들은 해나 달 꽃 등에서 원 모양을 보았단다. 정말 아름다운

우리는 모두 평등하답니다

모양이 아닐 수 없지. 이것을 연구한 사람들은 이 모양이 한 점에서 일정하게 떨어진 지점들을 모두 그리면 만들 수 있다는 것을 알았지.”

“아! 그럼 자연에서 보고 만든 거라고 할 수 있겠네요?” 이번에도 혁이가 물었습니다.

“그렇다고도 할 수 있겠지. 아! 너희들은 아더왕의 이야기를 알고 있니? 아더왕과 원탁의 기사들은 원이 한 지점에서 일정하게 떨어져서 모두가 공평하다는 것을 의미하기 때문에 원 모양의 탁자에 둘러 앉아 평등한 입장에서 토론했던 것이란다.”

원을 그려 보아요?

여러분은 다들 원이 무엇인지는 알고 있을 거예요. 하지만 원의 정확한 정의가 무엇이냐고 물어보면 무엇이라고 대답하겠어요? 다들 국어사전을 꺼내보세요. 그리고 원을 한 번 찾아보세요. 뭐라고 나와 있나요? 사전에서 말하는 원은 일정한 점에서 같은 거리에 있는 점들의 집합이라고 해요. 여기서 가장 중요한 사항은 한 점에서 일정한 거리에 있어야 한다는 것이지요. 이 한 점을 원의 중점이라고 합니다.

이제 원 모양을 만들어 볼까요? 원은 다음과 같이 한 지점에 고정을 시키고 끈을 맨 다음 돌려서 그릴 수 있답니다. 이것은 쉽게 해볼 수 있어요. 송곳처럼 뾰족한 물건에 실을 묶어주세요. 그리고 나머지 한 쪽에 연필을 묶으면 원을 그릴 준비는 다 된 것입니다. 이제 뾰족한 부분을 바닥에 고정시키세요.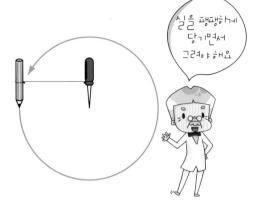
그리고 나머지 한 쪽을 잡고 돌
려주면 원이 그려진답니다. 여기
서 주의할 점은 실을 팽팽하게
당기면서 그려야 한다는 것이지
요. 중간에 실이 느슨해지면 중점과의 거리가 달라지기 때문이지요.
같은 원리로 실에 지우개와 같이 무게가 나가는 물건을 매달아 돌리
면 원모양을 그리며 움직이는 것을 볼 수 있답니다.

위에서 만들어 본 도구를 좀 더 쉽게 사용할 수 있도록 만든 것이
컴퍼스라고 하는데 이것은 여러분이 실로 만들어본 도구와 같은 원리
를 이용하여 만들었답니다.

원에서 사용되는 용어를 알아볼까요?

여러분 '누워서 떡 먹기'라는 말을 알고 있나요? 매우 쉬운 것을
뜻하는 속담이랍니다. 이제 여러분에게 원 그리기는 누워서 떡 먹기
겠죠? 이제 원에 사용되는 다양한 명칭들에 대해 알아보겠어요. 단순
하게 생긴 원에 무슨 용어가 또 있을까 하겠지만 원에는 다양한 용어
들이 있답니다. 반지름, 현, 호, 지름 그리고 부채꼴까지 정말 많지요?
그림을 보면서 하나하나 설명하도록 하겠어요.

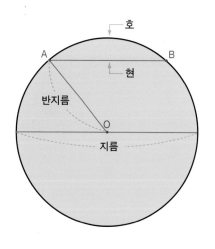

원은 기준이 되는 중심에서 일정한 거리가 주어지면 만들 수 있다는 것은 배워서 알거예요. 자! 그럼 옆의 그림을 보세요. 원의 가운데는 중점O가 있지요? 이 중점 O에서 A나 B와 같은 임의의 점까지의 거리는 모두 같습니다. 이 거리를 반지름이라고 하지요. 또, 원 위의 임의의 두 점 A와 B를 이은 선분을 현이라고 해요. 이 현이 원의 중심을 지나면 지름이 되는 것이랍니다. 따라서 지름은 원에서 가장 긴 현이라고 할 수 있겠지요. 또 점A와 B의 곡선인 원의 일부분을 호라고 하고, 호와 반지름으로 이루어진 도형을 부채꼴이라고 한답니다. 반지름, 현, 지름, 호, 부채꼴. 어렵지 않죠? 아래 그림이 부채꼴이에요. 부채와 비교해보세요. 닮은 것 같나요?

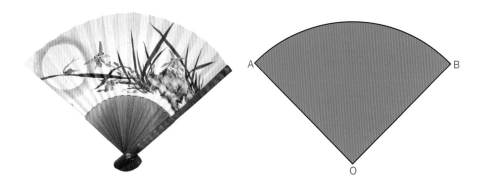

파이를 이용한 원의 넓이 구하기

여러분은 파이를 기억하고 있나요? 갑자기 웬 파이냐고 질문하는 친구는 없겠죠? 알고 있는 친구들도 있겠지만 모르는 친구들을 위해 간단하게 설명하도록 할게요.

파이는 원의 넓이를 구할 때 꼭 필요하답니다. 다른 말로 원주율이라고 하고, 기호로는 π로 표기한답니다. 무엇보다 중요한 것은 파이가 원의 둘레를 지름으로 나눈 값이라는 것이지요. 모든 원의 둘레를 지름으로 나누면 파이가 나온답니다.

$$\text{파이} = \pi = \text{원주율} = \text{원의둘레} / \text{원의지름}$$

파이 즉, 원주율은 소수점이하 한없이 계속되는 소수인데 보통 3.14로 사용한답니다. 이 원주율은 원의 넓이를 구할 때 몰라서는 안 될 중요한 것이니까 꼭 알아두도록 하세요.

$$\pi = 3.14159265358973238462643337\cdots$$

일단 원의 넓이를 한 번 구해보도록 해요. 다음 그림과 같이 원을 조각내어 이어 붙여보세요. 어떤 모양이 됐죠?

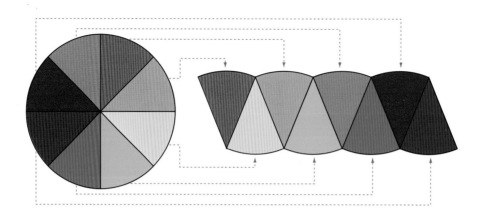

원을 조각내어 붙였더니 신기하게도 평행사변형과 비슷한 모양이 됐어요. 평행사변형의 넓이는 밑변 × 높이랍니다. 그럼 여기서 평행사변형의 밑변과 높이는 어떻게 알 수 있을까요? 높이는 원의 반지름이고 밑변은 원의 둘레의 절반이라는 사실은 그림을 보면 쉽게 알 수 있지요. 평행사변형의 넓이 구하는 공식을 이용해 원의 넓이 구하는 공식을 알아봐요.

밑변 = 원의 둘레/2

높이 = 원의 반지름

넓이 = 원의 둘레/2 × 반지름

위의 과정을 거쳐서 원의 넓이는 $\dfrac{원의\ 둘레}{2}$ × 반지름이 된답니다. 이제 이 공식을 π를 이용한 식으로 바꿔보겠어요. 파이를 구하는 공식인 $\pi = \dfrac{\text{원의 둘레}}{\text{원의 지름}}$ 를 이용하면 원의 둘레는 $\pi \times$ 원의 지름이라는 식이 나온답니다.

그럼 '원의 넓이 $= \dfrac{\text{원의 둘레}}{2} \times$ 반지름'과 '원의 둘레 $= \pi \times$ 원의 지름'을 합쳐 보겠어요.

$$\text{원의 넓이} = \dfrac{\text{원의 둘레}(\pi \times \text{원의 지름})}{2} \times \text{반지름}$$

$$= \pi \times \dfrac{\text{원의 지름(반지름} \times 2)}{2} \times \text{반지름 (원의 지름}$$
은 반지름의 두 배랍니다.)

$$= \pi \times \text{반지름} \times \text{반지름}$$

조금 어렵나요? 여러분에게 다소 어려울 수 있는 부분이니까 너무 기죽을 필요는 없어요. 중요한 것은 원의 넓이는 $\pi \times$ 반지름 $\times$ 반지름으로 구할 수 있다는 점이에요.

 맨홀 뚜껑은 왜 원일까?

실생활에서 원이 이용되는 것과 원에 관한 퀴즈를 풀어보겠어요. 여러분은 길을 가다 맨홀 뚜껑이나 맨홀 뚜껑을 열어놓고 그 속에서

열심히 일하는 아저씨들의 모습을 본 적 있나요? 우리가 도로에서 흔히 볼 수 있는 것이 맨홀 뚜껑이랍니다. 평소에 사물을 주의 깊게 살피는 우리 친구들은 맨홀 뚜껑이 모두 원 모양이라는 것을 알고 있을 거예요. 그렇다면 왜 맨홀 뚜껑이 모두 원 모양인지 생각해 본 적은 있나요? 사각형이나 삼각형, 아니면 계란 모양으로 만들지 않고 원 모양으로 만든 이유는 무엇일까요?

뚜껑을 옮길 때 데굴데굴 굴려서 쉽게 이동하기 위해서 원으로 만들었을까요? 이 이유도 전혀 틀린 말은 아니랍니다. 맨홀 뚜껑의 무게는 어른들 몸무게 이상으로 무겁기 때문에 아무래도 둥근 모양이면 이동할 때 편하기는 하겠죠. 하지만 진짜 중요한 이유는 따로 있답니다.

맨홀 뚜껑을 열거나, 열어놓고 작업을 할 때, 실수로 맨홀뚜껑이 하수도 속으로 풍덩 빠지면 안되겠죠? 맨홀 뚜껑을 원으로 만든 이유는 바로 구멍으로 빠지는 것을 방지하기 위해서랍니다.

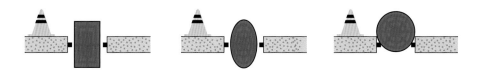

위에서 보듯이 사각형이나 다른 모양으로 뚜껑을 만들면 구멍으로 뚜껑이 빠질 수 있답니다. 하지만 원은 어느 부분에서나 항상 지름이 같기 때문에 빠질 염려가 없는 것이지요. 어때요, 원이 참 유용하게 쓰이지요?

신기한 동전 놀이

여러분이 학용품을 사거나 맛있는 과자를 사 먹을 때 쓰는 원이 있어요. 무엇일까요? 동전이지요. 여기서는 동전을 이용해서 놀이를 할 거예요. 재밌겠죠? 여러분의 머리를 최대한 활용해보세요.

둘레 돌리기

다음 그림과 같이 100원짜리 동전이 두 개 놓여 있어요. 먼저 각각의 동전을 반 바퀴 돌려 보세요. 동전에 있는 숫자100이 뒤집혀졌지요? 이번에는 동전을 그림과 같이 나란히 놓고 왼쪽에 있는 동전을

오른쪽 동전의 둘레를 따라 반 바퀴 돌려 보세요. 숫자100의 모양이 어떻게 되었나요? 왜 그런지 이유도 한 번 생각해 보세요

구멍의 비밀

종이에 100원짜리 동전만한 구멍이 뚫려있어요. 이 구멍으로 500원짜리 동전을 통과시키려고 해요. 어떻게 해야 할까요?

동전의 이동

아래 그림과 같이 동전이 놓여있어요. 동전을 3개만 움직여서 위와 아래의 모양을 바꾸어 보세요.

도화지 구멍 통과하기

도화지 한 장에 구멍을 내어 사람이 그 사이를 빠져 나가게 할 수 있을까요? 절대 불가능할 것 같이 보이는 이 일은 가능하답니다. 지금부터 마술 같은 일을 한 번 해보세요.

❶ 종이를 그림과 같이 계속하여 반으로 5번 접어 자국을 내주세요.

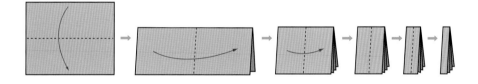

❷ 종이를 처음 반으로 접은 모양으로 폅니다.

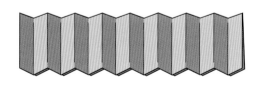

차근차근
따라해봐요.

❸ 다음 그림과 같이 접힌 선을 가위로 잘라주세요. 이때 끝에서 1cm 정도까지만 자르고 양쪽으로 번갈아면서 잘라야 해요.

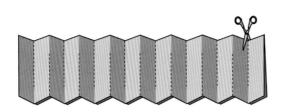

④ 그림과 같이 양 끝을 빼고 가운데 접힌 부분을 가위로 잘라 줍니다.

수리수리
마수리~얍!

⑤ 이제 마지막으로 종이를 쫙 펴서 조심스럽게 잡아당겨 보세요. 커다란 원이 만들어져서 사람이 거뜬히 통과할 수 있을 거예요.

어때요? 신기하죠. 친구들과 함께 만들어보세요.

마침표 찍고 가기

'한 걸음 더'에서 배운 방법으로 구멍을 만들어 통과해봤나요? 어때요? 신기하죠. 친구들과 함께 하면 더욱 즐거울 거예요. 만들어서 통과해본 친구는 잘했다고 칭찬 한마디 적어보세요.

_____

_____

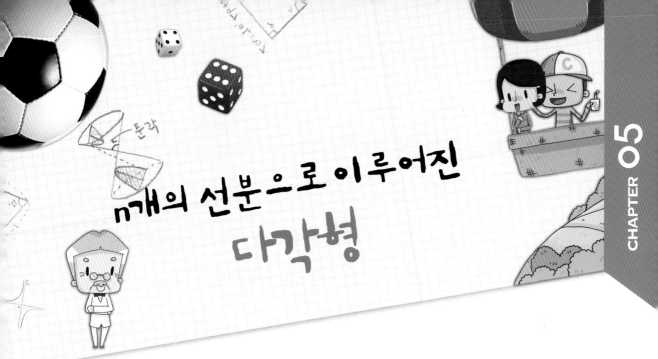

n개의 선분으로 이루어진 다각형

"자 오늘은 신기한 마술을 보여줄까? 모두 모여봐라." 박사님이 말씀하시자 미나, 미미, 소라, 혁이 철이 모두 기대 가득한 눈으로 박사님을 바라보았습니다.

"여기 너희들이 잘 아는 이쑤시개가 있단다. 이것을 반으로 부러뜨리면 V자 모양처럼 되지? 이렇게 다섯 개를 만들어서 구부러진 부분이 가운데 모이도록 놓아보렴."

박사님은 다섯 개의 이쑤시개를 놓아두고 마술사처럼 주문 외우는 시늉을 하기 시작했습니다.

"수리수리 마수리 움직여라, 얏!" 하고 주문을 외운 박사님은 이쑤시개의 가운데 부분에 물방울을 서너 방울 떨어뜨렸습니다. 아이들은 긴장하며 이쑤시개에서 눈을 떼지 않고 있었어요.

"야아 움직인다! 어 신기하네!" 아이들이 소리치기 시작하였습니다. 이쑤시개들은 움직여서 처음에는 옆에 것끼리 딱 붙더니 다시 움직여서 별모양을 이루었습니다.

박사님이 재미있는 마술을 아이들에게 보여주셨어요. 우리 친구들도 이쑤시개를 이용한 마술을 직접 한 번 해보세요. 준비물로 5개의 이쑤시개와 약간의 물이 필요해요.

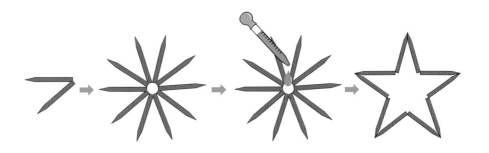

　준비된 친구들은 위의 그림을 보면서 따라해보세요. 먼저 다섯 개의 이쑤시개를 부러뜨려서 V자 모양을 만드세요.

　V자 모양의 이쑤시개 5개를 그림과 같이 놓아주세요. 그리고 나서 가운데 구멍에 물방울을 서너 방울 떨어뜨려주세요.

　어떻게 되었나요? 여러분의 이쑤시개도 그림처럼 별 모양이 되었나요? 신기하죠? 친구들에게 마술을 보여 줘 보세요. 친구들이 부러워할 거예요. 계속해서 박사님과 친구들이 무슨 이야기를 하는지 지켜봐요.

 정오각형에서 나온 별

　"마술을 통해 무엇이 만들어졌지?" 박사님이 물으셨습니다.

　"별모양이요." 아이들이 한 목소리로 대답하였습니다.

"그래 별모양이지. 그럼 별모양이 어떻게 해서 생겼는지 이야기 해주마. 이 별모양의 끝을 이어보아라. 그러면 같은 길이의 변이 5개로 이루어진 도형이 나오지 또 이 도형의 변을 연장하여 그려보면 다시 별 모양이 나타난단다."

아이들은 신기해하며 별 모양의 끝을 이어보고 다시 변을 연장하여 별을 만들어 보았습니다.

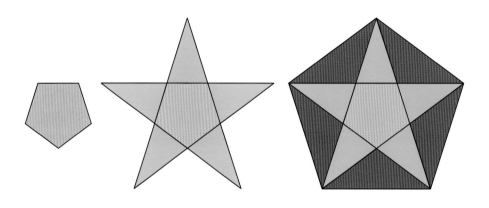

"아주 옛날 그리스에 피타고라스라는 수학자가 있었는데 그 분은 이러한 사실이 너무 신비하다고 느꼈단다. 계속하여 새로운 모양이 생겨나는 이 모양에서 영원을 생각하고 자신이 만든 학교의 배지로 사용하기도 했지. 그때부터 사람들은 이 모양이 행운과 신비의 힘을 가져다준다고 믿고 이것을 별이라고 하였단다. 그래서 각 나라의 국기를 살펴보면 별 모양이 들어간 것들이 많이 있고, 월드컵에서 우승하면 유니폼에 별 모양을 새기고 다니기도 한단다."

▲ (좌) 미국의 성조기 (우) 중국의 오성홍기

박사님의 이야기에서 별의 끝을 이어보면 변이 5개로 이루어진 도형이 나온다는 것을 알 수 있었지요? 이 도형이 정다각형 중에 하나인 정오각형이랍니다. 지금부터 여러분은 다각형에 대해 알아볼 거예요. 그 후에 정다각형도 함께 배워봐요.

 다각형이 머예요?

여러분은 앞에서 삼각형과 사각형에 대해 배웠어요. 삼각형은 3개의 선분으로 이루어진 도형이고 사각형은 4개의 선분으로 되어 있어요. 이처럼 선분으로 이루어진 도형을 다각형이라고 한답니다. 도형의 이름 또한 선분이 몇 개인지 알면 쉽게 알 수 있어요. 선분이 5개면 오각형이 되는 것이지요. 선분이 1개나 2개일 때는 하나의 도형을 이룰 수 없기 때문에 삼각형부터 있다는 것은 알고 있지요?

선분의 개수 : n개

도형의 이름 : n각형

대각선의 개수를 알아볼까요?

다각형에서 이웃하지 않은 꼭짓점을 이은 선분을 대각선이라고 해요. 그럼 삼각형, 사각형, 오각형, 육각형....의 대각선은 모두 몇 개일까요? 삼각형, 사각형, 오각형, 육각형을 그리고 대각선을 모두 그려서 개수를 세어보세요.

  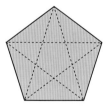 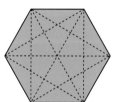

다각형의 대각선의 개수

삼각형 : 0 사각형 : 2 오각형 : 5 육각형 : 9

삼각형은 꼭짓점이 모두 이웃해 있어서 대각선을 그을 수 없었지요? 나머지 도형은 모두 그려보아서 몇 개인지 알 수 있을 거예요. 그렇다면 대각선의 개수를 알려면 일일이 그려봐야 하는 걸까요? 아닙니다. 친절하게도 다각형의 대각선의 개수를 구하는 공식이 있답니다.

$$n각형의 \ 대각선의 \ 개수 = \frac{n(n-3)}{2}$$

어떻게 이 공식이 나왔는지 생각해 볼까요? 다각형의 한 꼭짓점에서 대각선을 그어보면 자기 자신과 양 옆에 있는 꼭짓점으로는 대각선을 그릴 수 없고 나머지 꼭짓점으로 대각선을 그릴 수 있어요? 그러므로 한 꼭짓점에서 그을 수 있는 대각선의 수는 n-3개가 되는 것이랍니다. 그런데 꼭짓점이 모두 n개 이므로 모든 꼭짓점에서 그을 수 있는 대각선의 수는 n(n-3)개가 되요. 이중에는 서로 다른 꼭짓점에 그린 대각선이 두 개씩 중복이 된답니다. 그래서 2로 나눠 주면 위와 같은 공식이 나오지요. 그럼 이 공식을 이용하여 팔각형과 십각형의 대각선의 수를 구해보세요.

팔각형의 대각선의 수 _____

십각형의 대각선의 수 _____

다각형의 내각의 합은 몇 도 일까요?

우리는 이미 삼각형의 내각의 합이 180도라는 것을 알고 있어요. 그럼 삼각형이 아닌 다른 다각형의 내각의 합은 어떻게 구할 수 있을까요? 다각형의 내각의 합은 삼각형을 이용하면 쉽게 구할 수 있답니다. 아래 그림처럼 다각형을 삼각형으로 나눠보세요.

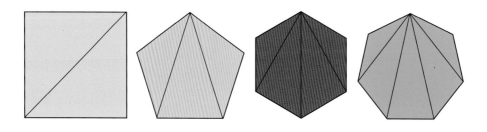

한 꼭짓점에서 대각선을 그리면 삼각형으로 나눌 수 있어요. 모두 나눠봤죠? 다각형을 삼각형으로 나눴다면 180도에 삼각형의 개수를 곱해주세요. 그러면 다각형의 내각의 합이 나온답니다. 내각의 합을 구하는 방법 역시 공식으로 만들어져 있으니깐 일일이 그려볼 필요는 없어요.

n각형의 내각의 합 = $180 \times (n-2)$도

삼각형으로 나눈 다각형에 '$180° \times$ 삼각형의 개수' 한 값과 공식을 이용해 구한 내각의 합이 일치하는지 확인해 보세요

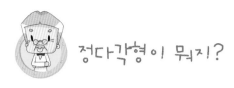

정다각형이 뭐지?

다각형 중에서 변의 길이가 모두 같고, 각의 크기가 모두 같은 다각형을 정다각형이라고 해요. 정다각형도 다각형과 마찬가지로 변의 수에 따라서 정삼각형, 정사각형, 정오각형…이라고 부른답니다. 다각형과 크게 다르지 않기 때문에 특별히 어려운 것은 없을 거예요. 정다각형에서 우리가 알고 넘어가야 할 부분은 한 내각의 크기예요.

다각형의 내각의 합은 $180 \times (n-2)$으로 구할 수 있었어요. 그렇다면 한 내각의 크기는 어떻게 구하면 될까요? 변의 길이가 모두 같고, 각의 크기가 모두 같은 다각형을 정다각형이라고 했어요. 각의 크기가 모두 같기 때문에 내각의 합을 변의 개수로 나눠주면 쉽게 구할 수 있답니다. 공식으로 만들어 보면 아래와 같이 쓸 수 있어요.

$$정다각형의 \ 한 \ 내각의 \ 크기 = \frac{180(n-2)}{n}$$

종이 띠로 만드는 정다각형

정오각형과 정육각형은 종이 띠를 이용하면 쉽게 만들 수 있어요. 잘 보고 따라서 만들어보세요.

정오각형은 운동화 끈 묶듯이 매듭을 지어주면 돼요. 다음 그림처럼 매듭을 만들어 평평하게 누르고 양쪽을 잘라내면 끝이랍니다.

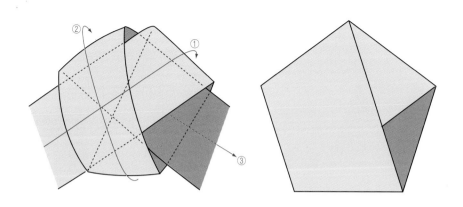

정육각형은 조금 어려워요. 하지만 잘 보면 쉽게 따라 할 수 있어요.

종이끈을 아래 모양과 같이 2개를 만들어주세요. 구멍부분과 꼬리

부분이 생겼어요. 이제 2개 중에 한 개를 뒤집어서 각각의 꼬리부분을

상대의 구멍에 넣고 당겨주세요. 멋진 정육각형이 만들어 졌나요?

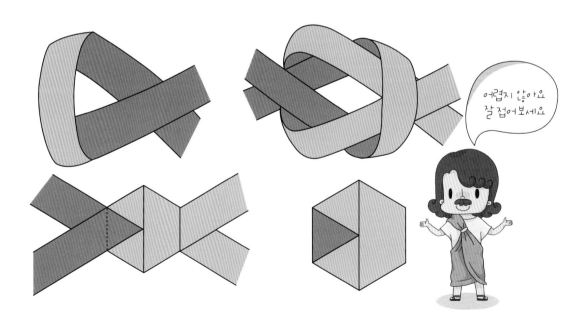

어렵지 않아요
잘 접어 보세요

정육각형

정육각형은 종이 띠로 만들 수 있지만 원을 이용해 쉽게 그릴 수도 있어요. 다음과 같이 임의의 길이의 반지름을 가진 원을 그리세요. 원이 그려졌으면 원의 호위에 임의의 한 점을 잡고 거기서부터 반지름의 길이만큼 현을 그려주세요. '원'에 대해 공부할 때 배운 현과 호가 무엇인지 아는 사람은 쉽게 정육각형을 그렸을 거예요.

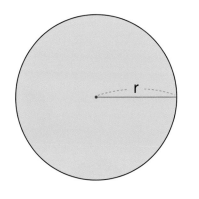
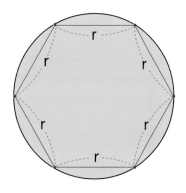

정다각형은 무수히 많지만 그 중에서 서로 맞대어 빈틈없이 평면을 메울 수 있는 것은 정삼각형, 정사각형, 정육각형 뿐이에요. 이 중에서 같은 넓이를 만들 때 둘레를 가장 작게 할 수 있는 것이 정육각형이라고 합니다. 그래서 꿀벌이 가장 적은 노력과 재료로 가장 넓은 공간을 얻기 위해 벌집을 정육각형 모양으로 만드는 것이지요. 꿀벌이 수학을 이용하여 현명하게 살아가고 있다고 생각되지 않나요? 여러분도 수학을 생활에 이용할 수 있는 부분에 대해 생각해보세요.

5개의 정오각형으로 큰 정오각형 만들기

종이 띠를 이용해서 정오각형 만드는 방법을 배웠어요. 여러분이 만든 정오각형을 하나 준비하세요. 준비한 정오각형을 도화지 가장자리에 놓고 5개 정오각형을 그려주세요.

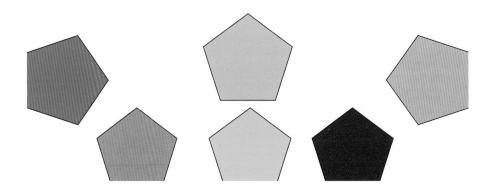

5개의 정오각형 중 2개는 아래사진과 같이 선을 더 그어서 각각 3조각과 6조각으로 만들어 주세요.

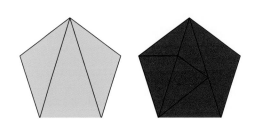

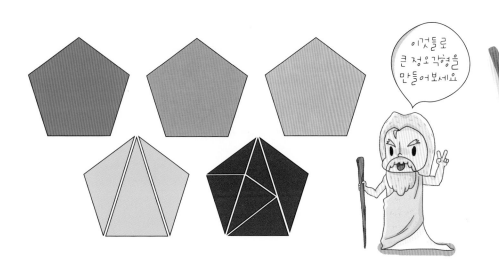

모두 그렸으면 조각을 오려주세요. 정오각형 3개와 작은 조각 9개가 만들어 졌어요. 이 조각들을 가지고 커다란 정오각형을 만들어보세요.

마침표 찍고 가기

'이쑤시개를 이용한 별 모양 만들기 마술'은 정말 재미있고 신기했을 거예요. 좋은 것을 알았을 때는 혼자만 알지 말고 친구와 함께 나눠보세요. 기쁨이 배로 커진답니다. 어떤 친구에게 별 모양 만들기 마술을 보여줄지 이름을 적어보세요.

_____

_____

자와 컴퍼스만 사용하는 작도

여러분이 학교를 다니면서 가장 즐거울 때는 언제인가요? 당연히 방학기간이겠죠? 그렇다면 가장 싫을 때는요?

아마도 여러분은 시험기간이 가장 싫을 거예요? 어때요, 그렇지 않나요?

여러분이 학교에서 수학 시험을 본다면 문제에 맞는 답을 찾아내는 것이 무엇보다 중요할 거예요. 그래야 좋은 점수를 얻고 선생님이나 부모님에게 칭찬을 들을 수 있을 테니까요. 그러나 수학을 좀 더 깊게 연구할 때에는 문제에 맞는 답, 즉 정답을 찾아내는 것만큼이나 아니 보다 더 가치 있는 일이 풀이과정이랍니다.

이번 장에서는 아무리 풀려고 하여도 풀리지 않는 정답이 없는 문제들에 대해서 이야기해 볼 거예요. 혹, 어떤 친구들은 "정답이 없는 문제에 대해 알아보는 것이 무슨 의미가 있나요?"라고 질문할지도 모르겠네요. 하지만 이러한 문제들을 풀려고 끊임없이 노력하는 것은 결코 무의미 하지 않답니다. 정답이 없다는 결론에 이르기까지의 그 풀이과정 자체만으로도 의미 있고 가치 있는 것이기 때문이에요.

1. 임의의 각을 삼등분할 수 있을까 ?
2. 주어진 원과 동일한 넓이를 갖는 정사각형을 그릴 수 있을까 ?
3. 주어진 정육면체 부피를 두 배의 부피를 갖는 정육면체로 그릴 수 있을까 ?

위의 문제들이 정답은 없지만 풀이과정 자체만으로 큰 의미 있는 대표적인 경우랍니다.

바로 3대 작도 불가능 문제이지요.

작도란 눈금이 없는 자와 컴퍼스만을 이용하여 도형을 그리는 것을 의미하기 때문에 이 문제는 눈금이 없는 자와 컴퍼스만을 이용해서 그릴 수 있는지가 중요하지요. 이 세 가지 모두를 그릴 수 없다는 사실이 밝혀진 것은 문제가 알려진 후 2천 년이 지난 19세기가 되어서랍니다.

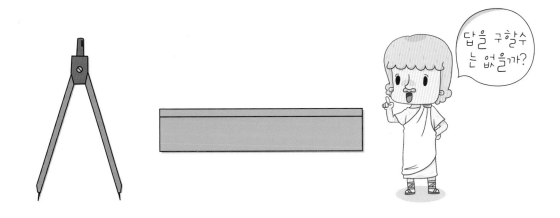

비록 답을 구할 수 없다는 결론은 내렸지만 이 문제들을 풀기 위한 끊임없는 노력 덕분에 수학에 대한 새로운 발견과 발전, 창조가 이뤄졌으며 도형을 그릴 수 있는 많은 다른 제도 기구들이 발명되었지요.

이제 각각의 문제들에 얽힌 이야기를 살펴보도록 해요.

작도에 대해 이야기 하면서 19세기란 말이 나왔어요. **세기**란 100년을 단위로 하는 기간을 세는 단위라고 생각하면 쉬울 거예요. 그렇다면 19세기라 함은 몇 년을 의미하는 걸까요?

1년부터 100년까지를 1세기라 하고, 101년부터 200년까지를 2세기라고 해요. 그렇다면 19세기는 1801년부터 1900년까지라는 것을 알 수 있겠지요?

임의의 각을 삼등분할 수 있을까?

각의 이등분 작도는 이미 잘 알고 있지요? 복습하는 의미에서 다시 한 번 볼까요?

   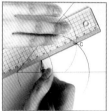

❶ 이등분 하고자 하는 각의 꼭짓점을 중심으로 임의의 크기로 원호를 하나 그려보세요.

❷ 원호와 각을 이루는 두 선분이 만나서 곳에 점a와 점b가 생겼어요. 이제 점a와 b에서 앞에서 그린 원호와 같은 크기로 원호를 각각 그려주세요.

❸ 점a와 점b에서 그린 원호가 서로 만나는 점c가 생겼어요.

❹ 마지막으로 점 c와 꼭짓점을 자로 이어주세요.

쉽게 각을 이등분 할 수 있었어요. 각을 이등분하는 것이 이처럼 간단하기 때문에 임의의 각을 삼등분하는 것이 간단해 보일 수도 있어요. 하지만 실제로 '각의 삼등분선은 작도할 수 없다' 는 것을 증명할 때까지 자와 컴퍼스만으로 각을 삼등분한 사람은 한 사람도 없었답니다. 그러나 여러 가지 다른 기구를 만들어 각을 삼등분한 사람은 많았다고 해요.

이 문제는 기원전 425년경 그리스 철학자이자 정치가이며 수학자였던 히피아스에 의해 처음으로 제기되었습니다. 그러다가 19세기에 90°나 135°와 같은 일부 특수한 각을 빼고는 각의 삼등분선을 그릴 수 없다는 것이 증명되었어요.

결국 이 문제는 작도로 해결할 수 없었지만 그 과정에서 다양한 기구들이 발명되었고 작도와 방정식을 연결하는 신기하고도 흥미로운 발견이 이루어졌습니다.

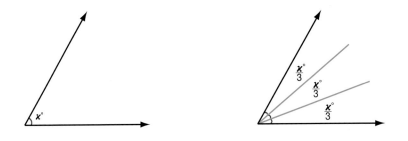

이것만 봐도 정답이 없고 해결할 수 없는 문제라도 그 풀이과정이 의미 있고 가치 있는 것이라는 사실을 알 수 있지요? 다음 문제에 대해 살펴보기 전에 여러분이 궁금해할 것 같아 90°나 135°의 삼등분선을 작도하는 방법을 알려드릴게요. 궁금하지 않다고 해서 안 보고 넘어가는 친구는 없겠죠? 꼭 한 번 확인해보세요.

90°인 각의 삼등분 작도

　90°의 삼등분은 정삼각형의 한 각의 크기가 60°인 사실과 각의 이등분 작도를 알면 쉽게 해결할 수 있답니다. 그림을 보면서 설명할게요.

❶ 우선 90°인 각에 한 변의 길이를 임의로 해서 정삼각형을 그리도록 하겠어요. 먼저 임의의 길이로 컴퍼스를 이용하여 각의 꼭짓점a를 기준으로 반원을 그립니다.

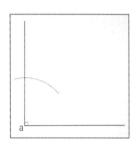

❷ 컴퍼스의 길이를 유지한 채 반원과 각의 한 변이 만나는 점b를 기준으로 다시 한 번 반원을 그려주세요. 두 반원이 서로 만나는 점c가 생겼나요?

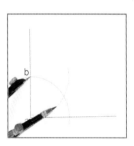

❸ 이제 자를 이용하여 꼭짓점a와 점b,c를 연결해보세요.
정삼각형이 그려진답니다.

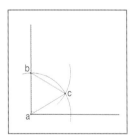

❹ 이제 90°인 각이 60°와 30°(90−60)로 나누어졌지요? 마지막으로 60°인 각을 이등분하면 30°씩 삼등분이 됩니다.

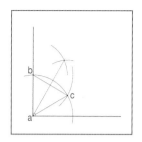

135°인 각의 삼등분 작도

135°의 삼등분은 90°보다 더 쉽게 할 수 있답니다. 135에서 90을 빼면 몇이지요? 그렇죠, 45입니다. 그렇다면 90의 절반은 몇인가요? 역시 45가 나오죠. 어때요, 더 이상 설명하지 않아도 알 것 같지 않나요? 135°의 작도는 두 단계만으로 설명하도록 할게요.

❶ 자의 모서리를 이용해서 90°와 45°를 나눠보세요.
자의 모서리가 직각이기 때문에 모서리를 따라 선을 그려주면 됩답니다.

❷ 자를 이용해서 90°를 작도했나요?
90°를 작도 했으면 이제 45°씩 삼등분이 된답니다.

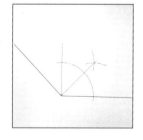

너무 쉽다고 눈으로만 보면 기억이 오래 남지 않아요. 직접 한번 해보면 오래 오래 기억될 거예요.

 원과 같은 넓이의 정사각형을 그릴 수 있을까요?

옛날 그리스 사람들은 농사를 지으면서 살았습니다. 그런데 이 사람들은 논과 밭을 좀 더 편리하게 관리하기 위해 각자의 논과 밭을 사각형 모양으로 반듯하게 고쳐서 나누어 가지고 싶어했습니다. 그래서 생각하기를 원래 구불구불한 경계를 가진 땅을 넓이는 변하지 않게

유지하면서, 사각형 모양으로 만들어보려고 노력하게 되었어요.

이처럼 두 번째 문제는 다른 두 문제와 달리 실제 생활에 적용하기 위해 생겨나게 되었답니다.

이야기 속에서 그리스 사람들이 고민했던 구불구불한 경계를 가진 땅은 우리가 알고 있는 도형인 원이라고 바꾸어볼 수 있을 것이고, 반듯하게 고쳐진 땅은 정사각형으로 바꿔 생각해볼 수 있겠네요.

과연 주어진 원의 넓이와 같은 크기의 면적을 갖는 정사각형을 그릴 수 있을까요? 여러분의 생각은 어떤가요? 이 역시 19세기에 와서 불가능하다는 결론에 이르게 되었답니다. 결국 각의 삼등분 문제에서와 같이 방정식과 연결해서 풀었다고 해요.

정육면체의 부피를 두 배로 할 수 있을까요?

주사위의 크기를 2배로 만들려면 어떻게 해야 할까요? 우리가 흔히 가지고 노는 주사위가 바로 정육면체인데요, 정육면체에 대해서는 정다면체에 대해 이야기하는 장에서 자세히 알아보도록 할게요.

마지막 세 번째 불가능한 작도가 바로 주사위와 같은 정육면체의 부피를 두 배로 하는 것이랍니다. 이 문제는 유래와 관련해서 전해 오는 이야기가 두 가지 있답니다. 그 중 좀 더 그럴듯하고 오래된 이야기부터 소개하겠어요.

고대 그리스에 신화적인 왕 미노스가 살고 있었습니다. 미노스왕은 그의 아들 글라우쿠스를 위해 묘비를 세울 것을 명령하였습니다. 얼마 후, 묘비가 완성되어 세워졌는데, 미노스 왕은 묘비의 크기가 작은 것에 불만스러워서 묘비의 크기를 두 배로 할 수 있는지 시인에게 물었습니다. 그러자 시인이 대답하기를, "묘비의 각 변을 두 배로 하면 간단한 일이죠"라고 하였습니다.

각 변을 2배로 하면 8배가 커진답니다

그러나 여러분도 알고 있듯이 각 변을 두 배씩 하면 묘비의 크기는 2배가 아닌 8배가 되어 버리므로 시인의 말은 옳지 않지요.

묘비의 크기 = 묘비의 부피

묘비의 부피 = 묘비 밑면의 넓이(가로×세로)×높이

각변을 2배로 할 경우 = 묘비 밑면의 넓이(가로×2×세로×2)×

높이×2

이렇게 해서 각변을 2배로 할 경우 기존 크기보다 8개가 커집니다.

이 이야기가 수학자들이 '정육면체의 모양을 그대로 유지하면서 부피를 두 배로 늘리는 것'이 어떻게 가능한가에 대해 생각하게 된 첫 번째 이야기입니다.

또 하나의 이야기는 훨씬 뒤에 전해진 이야기랍니다.

옛날 그리스의 어느 마을에 전염병이 돌았습니다. 그래서 사람들은 신에게 기도를 드렸습니다. 그러자 신이 "아폴로의 정육면체로 된 제단의 크기를 두 배로 해라. 그러면 전염병이 사라질 것이다"라고 말했습니다. 사람들은 얼른 각 변을 두 배로 늘린 새 제단을 만들어 놓고 이제는 전염병이 없어질 거라고 기뻐했습니다. 하지만 병은 더 심해졌습니다. 처음엔 신이 약속을 어겼다고 화를 내던 사람들은 곧 자신들이 제단을 잘못 만들었다는 것을 깨달았습니다. 다급해진 사람들은 이 문제를 수학자들에게 부탁했습니다. 그래서 많은 수학자들이 이 문제에 대해 연구하기 시작했습니다. 결국 나중에 기계를 사용하여 해결하긴 했지만 이 역시 '자와 컴퍼스'만 사용해서는 해결하지 못했답니다.

　두 번째 이야기의 그리스 사람들 역시 첫 번째 이야기의 시인과 같은 실수를 했지요.

　지금까지 3대 작도 불가능 문제들을 살펴보았어요. 혹시 여러분 중에 이 문제에 도전해 볼 사람은 없나요? 수많은 수학자들의 노력에

의해 결국 불가능한 문제라고 판명난 문제지만 여러분 중에 누군가가 해낸다면 그 이름은 세계적으로 유명해진답니다. 혹 도전해서 결국 안 된다고 해도, 앞에서 말했듯이 풀이과정 자체만으로 의미 있고 가치 있는 일이랍니다. 어쩌면 다음에 설명할 달꼴처럼 3대 작도 불가능 문제를 풀다 새로운 것을 발견할지도 모르잖아요.

여기서 잠깐!

여러분, 그리스·로마신화를 읽어본 적 있나요? 미노스왕은 그리스신화에 나오는 크레타의 왕이랍니다. 공부하다 쉬는 시간에 그리스·로마신화를 읽어보세요. 재미, 감동, 교훈 모두 얻을 수 있을 거예요

 ## 히포크라테스와 달꼴

3대 작도 불가능 문제 중의 두 번째인 원과 같은 넓이를 갖는 정사각형을 작도하는 문제를 연구하던 중 재미있는 연구를 한 사람이 있었어요. 그 사람은 그리스 수학자 히포크라테스인데 이 사람이 연구

한 내용을 살펴보도록 하겠습니다.

여러분은 달꼴이라는 말을 들으면 어떤 것이 생각나지요? 아마도 달이 떠오를 거예요. 하지만 달은 여러 가지 모양이 있는데요, 그중에서 어떤 모양이 가장 먼저 떠오르나요? 둥근 보름달이나 반달을 가장 많이 생각할 거예요. 그러나 이제부터 이야기하려는 달꼴은 '초승달 모양'을 말한답니다. 이 달꼴을 찾아내고 그 성질을 증명한 사람이 바로 히포크라테스인데 그는 3대 작도 불가능 문제 중 하나인 '원과 같은 넓이를 갖는 정사각형을 만들 수 있을까?'라는 문제를 풀다가 이것을 발견했다고 합니다. 여기서 말하는 히포크라테스는 의학에서 '히포크라테스의 선서'로 유명한 그 히포크라테스와는 동명이인인 수학자입니다. 당시에 히포크라테스라는 이름을 가진 사람이 여러명 있었다고 하니 헷갈리지 않도록 주의하세요. 이제 두 가지 경우의 달꼴에 대하여 알아보도록 하겠어요.

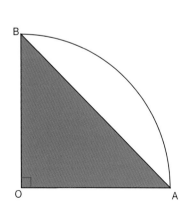
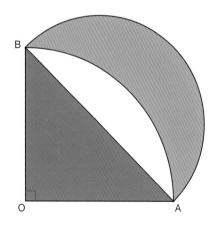

원의 4분의 1인 부채꼴 OAB에서 A와 B를 잇는 선분을 그린 후 선분 AB를 지름으로 하는 반원을 바깥쪽에 그리면 초승달 모양의 녹색 도형이 생깁니다. 이 모양을 히포크라테스의 달꼴 또는 히포크라테스의 초승달이라고 부른답니다. 이 때, 생긴 달꼴의 면적과 AB를 빗변으로 갖는 직각 이등변삼각형 AOB의 면적은 서로 같습니다.

달꼴과 이등변삼각형AOB의 면적이 같다는 것을 증명하는 것은 중학생이 되면 배울 수 있어요. 궁금하더라도 조금만 참아요. 지금 배우기엔 너무 어렵답니다.

또 다른 달꼴의 예를 살펴봐요.

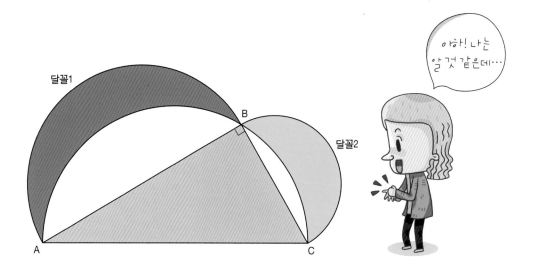

선분 AC를 지름으로 갖는 반원의 호 위에 한 점 B를 잡습니다. 또 선분 AB를 지름으로 하는 반원을 바깥쪽에 그리고 똑같이 선분 BC를 지름으로 하는 반원을 바깥쪽에 그립니다. 그러면 두 개의 달꼴 1과 2가 생기죠. 이 때 달꼴 1과 달꼴 2의 넓이의 합은 반원에 내접한 삼각형 ABC의 넓이와 같습니다.

여기서 잠깐!

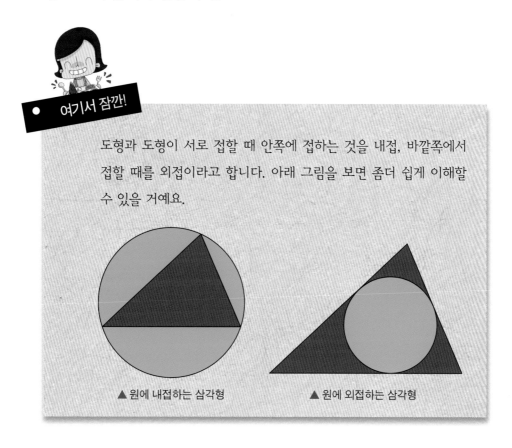

도형과 도형이 서로 접할 때 안쪽에 접하는 것을 내접, 바깥쪽에서 접할 때를 외접이라고 합니다. 아래 그림을 보면 좀더 쉽게 이해할 수 있을 거예요.

▲ 원에 내접하는 삼각형　　　　▲ 원에 외접하는 삼각형

각의 작도

이번 장에서 배운 작도는 여러분이 중학교, 고등학교에 입학해서도
계속 배우게 된답니다. 작도 불가능문제 뿐만 아니라 다양한 작도에
대해 배우게 되지요.

그렇기 때문에 지금 작도에 대해 하나라도 더 배워놓으면 나중에 좀
더 쉽게 배울 수 있겠지요?

여기서는 각의 작도에 대해 이야기 해보도
록 해요. 각의 작도는 중학교 1학년 때 배
우게 되지만 여러분도 충분히 알 수 있는
내용이랍니다. 전혀 어렵지 않으니까 한 번
읽어서 이해가 안 되면 두 번, 세 번 읽어보세요.

어렵지
않습니다

자 그럼 각의 작도에 대해 알아볼까요?

여러분이 원하는 각을 그리고자 하면 각도기를 이용하면 되겠지요?

하지만 각도기 없이 컴퍼스와 자를 이용하여 각을 그려야만 작도라고
할 수 있지요.

그렇다면 어떤 각을 작도 할 수 있을까요?

자를 이용해서 선을 그리면 그게 바로 180도가 되지요.

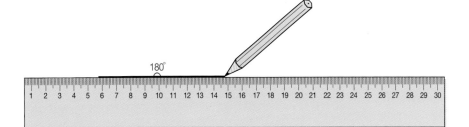

이제 180도를 이등분 해보세요. 몇 도가 됐나요? 90도가 되었어요. 이런 식으로 계속해서 각을 이등분하면 오른쪽 그림과 같은 결과가 나온답니다.

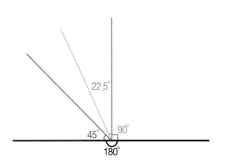

계속해서 정삼각형을 이용한 각의 작도를 생각해 봐요.

정상각형의 한 각은 60도예요. 자를 이용해 180도를 그리고 여기서 60도를 빼면 몇 도가 됐죠? 120도

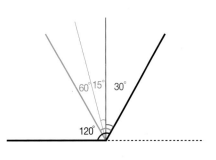

작도도 가능하겠죠? 이제부터 다시 각의 이등분 작도를 해보세요.

위의 각뿐만 아니라 180도에서 위의 각을 뺀 나머지 각도 작도할 수 있답니다.

$$180 - 15 = 165$$
$$180 - 30 = 150$$
$$180 - 45 = 135$$

어때요? 참 많은 각을 작도할 수 있죠. 위의 것 이외에도 다양한 방법을 활용하여 무수히 많은 각을 작도할 수 있답니다. 이제 위의 각들을 잘 살펴보세요. 공통점을 찾을 수 있을 거예요. 찾았나요? 위의 각들을 3으로 나눠보세요. 모두 나눠떨어지는 것을 알 수 있어요. 이처럼 작도할 수 있는 각은 모두 3으로 나눠떨어진답니다.

마침표 찍고 가기

정답이 없는 문제를 풀려고 끊임없이 노력하는 것이 결코 무의미 하지 않다는 사실을 잘 알았겠죠? 이 사실을 안 것만으로 해도 오늘은 아주 큰 것을 배운 거랍니다.

_____

_____

_____

CHAPTER 07

1:1.6의 마법
황금비

여러분은 수학이 아름답다고 생각해본 적이 있나요? 아직 그런 생각을 해보지 못했을 수도 있어요. 하지만 수학을 좋아하는 사람들이나 수학자들은 수학을 아름답다 또는 우아하다라고 말하곤 한답니다. 왜 그들은 수학이 아름답다고 말하는 것일까요? 그 대표적인 증거가 바로 여기 황금분할에 있어요. '황금분할'은 수학이 만들어낸 가장 아름답고 균형적이며 흥미로운 도구랍니다.

이러한 황금분할은 수학에서뿐만 아니라 그림, 건축, 자연 생명체의 모양, 광고 등 수많은 영역에서 그 형태를 쉽게 찾아볼 수 있으며 심지어 우리 신체에도 황금비가 존재한답니다.

▲ 파르테논신전

심리학적으로 황금비가 가장 편안하게 느껴진다는 사실은 이미 오래 전부터 알려진 사실이에요. 이런 황금비를 사용한 건축물로는 파르테논신전, 피라미드, 불국사 등이 있답니다. 이중에서도 대표적인 경우가 바로 파르테논신전이에요.

옛날 그리스 사람들은 기원전 5세기의 건축물을 지을 때, 이 조화로운 느낌을 이용하였어요. 파르테논신전은 황금비를 이용한 초기의 건축물인 것이지요. 그들은 황금비를 알았고, 어떻게 작도하는지도 알고, 이를 어떻게 계산해내는지, 황금분할 사각형을 어떻게 작도하는지 알고 있었답니다.

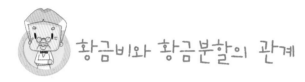

황금비와 황금분할의 관계

"그렇다면 대체 황금비란 무엇인가요?"라고 물어보는 친구들이 있을 거예요. 지금부터 여러분의 궁금증을 해결해 드리겠어요. 황금비와 황금분할을 간단하게 정의하면 황금비는 약 1.618 : 1 이고, 이런 비율 즉, 황금비로 선분을 나누는 것을 황금분할 한다고 합니다. 일반적으로 황금비를 쓸 때 1.6 : 1로 쓰거나 8 : 5로 쓰기도 한답니다.

선분의 황금분할

황금비인 1.6:1로 선분을 황금분할 하게 되면 전체길이 : 긴 길이 = 긴 길이 : 짧은 길이의 비례가 만족한답니다. 선분의 황금분할에 대해 살펴보면서 황금분할이 무엇인지 확실히 이해하도록 해요.

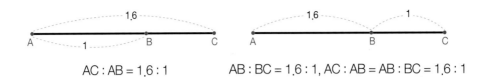

AC : AB = 1.6 : 1   AB : BC = 1.6 : 1, AC : AB = AB : BC = 1.6 : 1

'전체길이 : 긴 길이 = 긴 길이 : 짧은 길이' 의 비례가 만족하도록 선분 AC위에 점B를 그리면 황금분할을 했다고 할 수 있어요. 즉, AC : AB = AB : BC가 되도록 점 B를 잡는다면 점 B는 선분 AC를 황금분할 한다고 하며, AC : AB = AB : BC = 1.6 : 1 이 되는 것이지요. 어때요? 황금분할에 대해 조금은 감이 오나요? 아직도 잘 모르겠다면 계속해서 황금분할 사각형을 작도해보면서 익히도록 해요.

황금분할 사각형

직사각형의 경우는 긴 변과 짧은 변의 길이가 1.6 : 1의 비로 되어 있으면 황금분할 사각형이라고 해요.

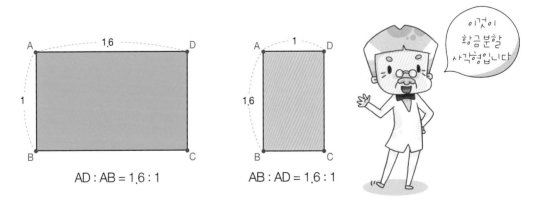

AD : AB = 1.6 : 1   AB : AD = 1.6 : 1

아래 설명을 보고 순서대로 따라하면 쉽게 황금분할 사각형을 작도 할 수 있을 거예요.

조금 더 쉽고 정확하게 그리기 위해서는 모눈종이를 사용하세요.

자, 준비되었나요? 순서대로 하나씩 그려보세요.

① 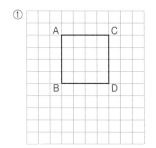　② 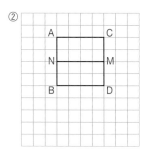　③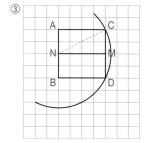

④ 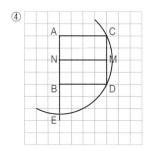　⑤ 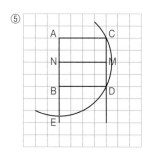　⑥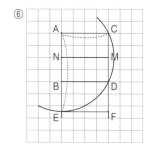

❶ 임의의 정사각형 ABCD를 그려주세요.

❷ 선분 AB의 중점 N과 선분 CD의 중점 M을 잡아 정사각형을 이등분하세요.

❸ 점 N을 중심으로 삼고, 선분 CN을 반지름으로 하는 원을 그려주세요.

④ 선분 AB를 연장하여 원과 만나는 점을 E라 합니다

⑤ 선분 CD를 D쪽으로 연장해주세요.

⑥ 선분 AE와 수직인 선분 EF를 그리면 사각형 AEFC가 만들어 져요. 이 사각형이 황금분할 사각형이 된답니다.

이등변삼각형의 황금분할

이등변삼각형의 한 변과 밑변의 비가 황금비를 이룰 때 이등변삼각형을 황금분할 삼각형이라고 해요.

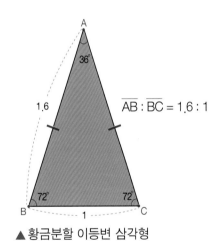

$\overline{AB} : \overline{BC} = 1.6 : 1$

▲ 황금분할 이등변 삼각형

이등변삼각형이 황금분할되기 위해서는 밑각이 72°이고 꼭지각이 36°라는 조건에 만족해야 해요. 다시 말해 밑각이 72°, 꼭지각이 36°인 이등변삼각형은 반드시 황금분할 삼각형이라고 할 수 있지요.

황금분할 이등변삼각형

= 밑각 72°, 꼭지각 36°

별모양에 숨겨진 황금분할

그리스 시대부터 널리 알려진 것으로 다음과 같은 별모양에 대한 이 야기가 있어요. 정오각형의 대각선을 이어 별모양을 만들 수 있지요? 그 별을 이루는 대각선들은 서로 다른 것을 황금분할한답니다. 이런 이유로 피타고라스 학파는 별모양이 그려진 자신들의 휘장을 아주 자 랑스러워했다고 해요.

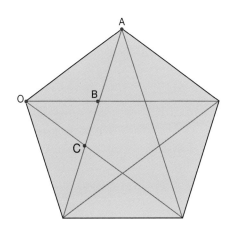

먼저 정오각형을 그린 다음, 각 꼭지점들을 대각선으로 연결하면 왼쪽에 있는 그림과 같은 별 모양이 생기죠? 이 때 AB의 길이와 BC의 길이는 황금비를 이루며, 별 모양의 한쪽 끝인 삼각형 OBC는 황금분할 삼각형이 된답니다.

여기서 잠깐!

피타고라스 학파는 무엇일까요?
BC 6세기 전반에 피타고라스가 창설한 학파로서 수학적인 여러 과 학에 업적을 남긴 연구단체이면서 종교단체이기도 하답니다

주위에서 찾아보는 황금비

▲비례 습작

황금분할을 보여주는 예들은 주위에서도 찾을 수 있어요. 먼저 건축물이나 조각물의 경우를 생각해 봐요. 옛날 건축물 중에서 조화롭기로 유명한 그리스의 건축물이나 조각물을 보면 그리스의 건축가들과 조각가들이 황금분할을 곳곳에 많이 이용했다는 것을 발견할 수 있답니다. 황금분할을 적용한 건축물과 조각물들이 더욱 조화롭고 아름답게 보인다는 것을 알고 있었기 때문이지요. 앞에서 언급했던 파르테논신전도 황금비를 사용하여 지은 대표적인 건축물인데, 직사각형의 황금비에 정확히 들어맞도록 되어 있답니다.

황금비는 건축물뿐만 아니라 그림에서도 자주 나타나지요. 예를 들어, 1509년 수학자 파치올리가 쓴 「신성한 비례에 관하여」라는 책을 보면, 위에 그림과 같이 레오나르도 다빈치가 인간의 신체를 황금분할하여 그린 삽화가 실려 있어요. 아마 여러분도 한 두 번은 본

적이 있을 거예요.

　이처럼 인공적으로 만들거나 그린 것이 아닌 자연물에도 황금비가 있어요. 우리 주위에서 흔히 볼 수 있는 달걀의 가로와 세로 비가 황금비랍니다.

　이런 아름다운 비율, 황금비는 지금 여러분의 주변에서도 많이 발견할 수 있어요. 예를 들어 교과서, 전화 카드, 액자, 성냥갑 등은 황금비를 이용하여 만든 것이랍니다. 이외에도 여러분의 주위에 있는 황금비를 이용한 것들을 찾아보세요.

끝없이 나오는 황금분할 사각형

▲러시아 인형

여러분은 러시아 인형을 본 적이 있나요? 큰 하나의 인형 속에 작은 인형이 들어 있고, 그 안에 더 작은 인형이 계속해서 나오는 인형이지요.

이 러시아 인형처럼 황금분할 사각형을 가지고 계속해서 작은 황금분할 사각형을 만들 수 있답니다. 앞에서 황금분할 사각형을 직접 만들어본 친구는 다시 그릴 필요 없이 그 사각형을 이용하면 되겠지요? 하지만 만들지 않았던 친구는 지금이라도 늦지 않았어요. 황금분할 사각형을 그려보세요. 기왕 그리는 거 크게 그린다면 더 많은 황금분할 사각형을 만들 수 있을 거예요.

방법은 아주 간단하답니다. 여러분이 그린 황금분할 사각형을 오려내세요. 그런 다음 오린 사각형에서 정사각형을 잘라내면 나머지 사각형이 나오지요? 이 사각형이 황금분할 사각형이 된답니다. 이 사각형에서 다시 정사각형을 오려내면 더 작은 황금분할 사각형이 만들어

집니다. 계속해서 정사각형을 오려내면 점점 더 작은 황금분할 사각형이 나오겠지요?

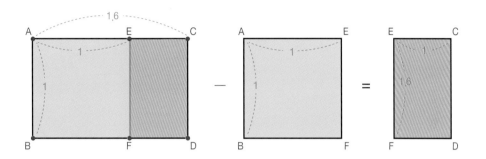

황금분할 사각형 − 정사각형
= 황금분할 사각형

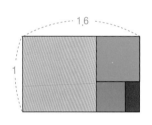

황금비에 대해 조금은 알 것 같나요? 황금비는 사람들이 보기에 아름답고 조화롭다고 했어요. 여러분이 미술시간에 만들기를 할 때 황금비를 이용하면 좋은 작품을 만들 수 있을 거예요. 어떤 작품을 만들지 한 번 구상해보세요.

각면의 모양과 크기가같은 정다면체

미나와 미미, 혁이는 재미있는 수학자 이야기를 듣기 위해 박사님을 찾아갔어요. 하지만 박사님은 무척 바빠 보이셨습니다.

"박사님! 박사님! 재미있는 수학자 이야기 좀 들려주세요."

혁이가 박사님을 조르기 시작했습니다. 잠시 후 박사님은 어디선가 주사위와 게임판을 가져오셨어요.

"지금은 내가 좀 바쁘니까 잠시 주사위 게임을 하고 있으렴"

아이들은 어쩔 수 없이 박사님이 주신 주사위와 게임판으로 게임을 하기 시작했습니다. 아이들은 게임에 푹 빠져 박사님이 일을 마치고 아이들 옆으로 다가오는 것도 몰랐습니다.

"너희들 주사위가 어떤 도형인지 알고 있니?"

갑작스런 박사님의 질문에 아이들은 어리둥절한 표정을 지으며 박사님을 쳐다보았습니다.

"주사위는 정육면체라고 한단다. 그럼 오늘은 정다면체에 대해 이야기하도록 할까?"

아이들은 신난 표정으로 박사님의 이야기에 귀를 기울였습니다.

여러분도 미나, 미미, 혁이와 함께 정다면체가 무엇인지에 대해 알아보도록 해요.

플라톤의 입체

 여러분은 삼각형, 사각형, 원과 바위, 전화기, 공의 차이점을 말할 수 있나요? 물론 여러분이 금방 명쾌하게 대답하지 못한다 해도 그 차이점이 무엇인지는 알고 있을 거예요. 앞의 예들은 종이 위에 그려지는 것들이고, 뒤의 예들은 손으로 만질 수 있는 것들이라고 하면 이해할 수 있나요? 종이 위에 있는 것을 2차원적이라 하고, 우리 주변에 있는 만질 수 있는 물체들을 3차원적이라고 말하는데 흔히 3차원적 물체를 입체라고 부른답니다.

▲2차원　　　　　　　　　　　▲3차원

 입체 중에서 다각형으로만 둘러싸인 것을 다면체라 하는데 특히 다면체들 중에서 각 면의 모양과 크기가 모두 같은 것을 정다면체라 한답니다.

 한마디로 정다면체는 모든 면이 똑같은 정다각형으로 둘러싸인 입체도형인 것이지요. 그렇다면 우리가 가장 많이 본 정다면체는 무엇일까요? 그렇습니다. 바로 주사위지요. 주사위는 모든 면이 정사각형

으로 된 정육면체랍니다. 주사위와 같은 정다면체는
오직 다섯 가지만 존재해요.

다섯 개의 정다면체는 정사면체, 정육면체, 정팔면
체, 정십이면체, 정이십면체입니다. 정다면체가 다섯 가지만 존재한
다는 사실을 기원전 460년경에 그리스의 플라톤이 증명했기 때문에
정다면체를 플라톤의 입체라고도 한답니다.

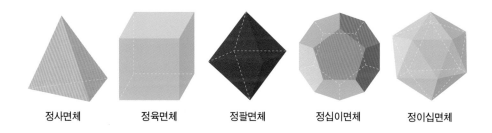

| 정사면체 | 정육면체 | 정팔면체 | 정십이면체 | 정이십면체 |

그리스 사람들은 정다면체로 우주를
설명했어요. 그들은 우주가 불, 흙, 공기,
물 네 가지 원소로 이루어졌다고 믿었는데
이 네 원소는 모두 정다면체의 모양을 갖고
있다고 생각하였습니다. 즉, 불은 정사면
체, 흙은 정육면체, 공기는 정팔면체, 물은
정이십면체이며 이 네 원소는 모두 정십이
면체인 우주 속에 있다고 생각하였지요.

▲ 수학자 피보나치

논리적이고 이성적인 사고의 체계를 세운 그리스인들에게 전혀 논리적이지 않은 위와 같은 사고가 있었다는 것이 재미있지 않나요?

천문학자인 케플러는 여기에 설명을 덧붙였습니다. 정다면체 중에서 정사면체가 면에 비해 가장 작은 부피를 가지고 있고 정이십면체가 가장 큰 부피를 가지고 있다는 생각에 이것을 건조함과 축축함에 연결짓고 불과 물이라고 하였습니다. 정육면체는 가장 안정성이 있어

흙과 결합되고 정팔면체는 마주 보는 꼭짓점을 집게손가락과 엄지손가락에 갖다 대고 가볍게 잡을 수 있고, 쉽게 회전시킬 수 있으므로 그것은 공기의 불안함과 연결지었으며 마지막으로 정십이면체는 12궁을 가지고 있어 우주와 결합된다고 하였습니다.

여러분이 생각하기엔 그럴듯해 보이나요?

여기서 잠깐!

여러분의 별자리는 무엇인가요? 케플러는 정십이면체를 12궁과 연관지었어요. 12궁은 별자리에 이름을 붙인 것으로 물고기자리, 양자리, 황소자리, 쌍둥이자리, 게자리, 사자자리, 처녀자리, 천칭자리, 전갈자리, 궁수자리, 염소자리, 물병자리의 12별자리를 말하는 것이랍니다. 여러분의 별자리는 태어난 날로 알 수 있는데요, 자신의 별자리가 궁금하면 부모님께 한 번 여쭤보세요.

 정삼각형으로 만드는 정다면체

우리는 앞에서 정다면체는 정다각형으로 이뤄진다고 배웠어요. 정다각형에는 어떤 것들이 있죠? 쉽게 떠오르는 것이 정삼각형과 정사각형이지요. 정다면체는 정삼각형, 정사각형, 정오각형 세 가지로만 만들 수 있답니다. 우선 정삼각형으로 만들 수 있는 정다면체에 대해 알아보겠어요.

정삼각형이 4개 모이면 정사면체

한 면이 정삼각형인 경우를 생각해 보세요. 한 꼭짓점에 두 개의 정삼각형만 모으면 입체가 되지 않겠죠? 그렇기 때문에 최소 3개가 필요합니다. 정삼각형 3개를 모아 놓으면 밑면이 삼각형이므로 밑면에도 정삼각형 하나를 덧붙여 정삼각형 4개로 이루어지는 정사면체가 된답니다.

크기가 같은 정삼각형의 종이를 4장 준비해서 3장은 탑 모양으로 세우고 아래쪽에 나머지 정삼각형을 붙이면 쉽게 정사면체를 만들 수 있을 거예요.

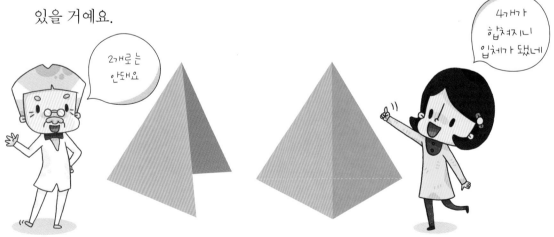

정삼각형이 8개 모이면 정팔면체

이번에는 정삼각형 4개를 한 꼭짓점에 모아 보세요. 많이 보던 모양이지요? 바로 피라미드 모양이랍니다. 똑같은 모양을 하나 더 만들어 두 개를 마주 겹치면 정팔면체가 된답니다.

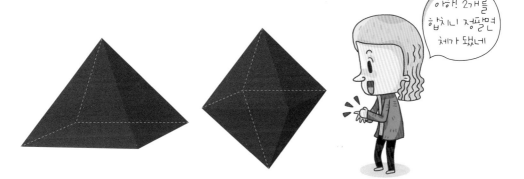

아하! 2개를 합치니 정팔면체가 됐네

정삼각형이 20개 모이면 정이십면체

정이십면체는 정삼각형이 20개나 사용되기 때문에 다소 어렵게 느껴질 수 있지만 정사면체나 정팔면체와 크게 다를 바 없으니 겁먹을 필요 없답니다.

우선 20개의 정삼각형을 준비해야겠죠? 준비된 정삼각형을 각 꼭짓점마다 다섯 개가 모이도록 배치하면 정삼각형 20개로 이루어진 정이십면체가 됩니다. 피라미드 모양 만들 때와 비슷하게 정삼각형 5개를 이용하여 탑을 세워주세요. 이러한 탑을 하나 더 만듭니다. 그럼 총 10개의 정삼각형이 사용되었죠? 이제 남은 10개의 정삼각형을 다음과 같이 지그재그로 이어서 긴 띠를 만들어 주세요.

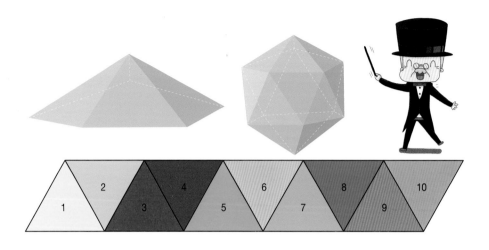

　이제 조립만 하면 정이십면체가 완성된답니다. 탑을 위아래로 놓고 띠를 사이에 놓아보세요. 어때요? 정이십면체가 완성되었죠? 아직 잘 모르겠다고요? 너무 걱정하지 마세요. 여러분이 쉽게 정다면체를 만들어볼 수 있도록 전개도를 준비했어요. 8장을 꼼꼼히 읽고 '해답과 부록'에 있는 전개도를 오려서 만들어 보세요. 이해가 안됐던 부분도 모형을 직접 보면 쉽게 이해 할 수 있을 거예요.

정삼각형 6개로 탑처럼 세울 수 있을까요?

　결론부터 말해서 정삼각형 6개는 탑처럼 세울 수 없답니다. 왜 그럴까요? 직접 한번 정삼각형 6개를 세워 보세요, 어떻게 되나요? 탑이 만들어지지 않고 평면이 되지요? 이것은 정삼각형의 한 내각이 60도 이기 때문입니다. 60도인 삼각형이 6개 모이면 360도가 되어 납작한 평면이 되는 것이랍니다.

즉 정삼각형으로 만들 수 있는 정다면체는 정사면체, 정팔면체, 정이십면체 3개뿐이랍니다.

$$60°(정삼각형\ 한\ 내각의\ 크기) \times 6개 = 360°(평면)$$

 ## 정사각형으로 만드는 정다면체

정사각형은 몇 개의 정다면체를 만들 수 있을까요?

정삼각형과 마찬가지로 정사각형 역시 한 꼭짓점에 2개의 정사각형을 모으면 입체를 만들 수 없지요. 또한 4개를 모으면 정사각형의 한 각이 90도이기 때문에 360도 즉, 평면이 된답니다.

이런 이유로 정사각형을 모아서 만들 수 있는 정다면체는 정육면체 한 가지뿐이며, 정육면체는 한 꼭짓점에 정사각형 3개를 모아서 만든답니다.

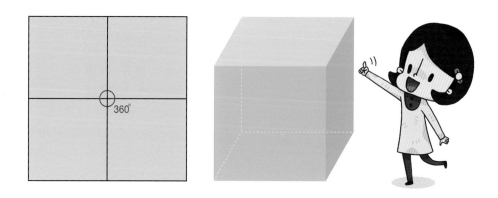

90°(정사각형 한 내각의 크기) × 4개 = 360°(평면)

 ## 정오각형으로 만드는 정다면체

정삼각형과 정사각형으로 정다면체를 만드는 과정을 통해 하나의 사실을 알게 되었어요. 바로 '한 꼭짓점에 2개보다 많은 정다각형이 모여야 하고 모인 각의 합이 360도를 넘지 말아야 한다' 는 것이지요. 이 사실을 바탕으로 정오각형으로 몇 가지의 정다면체를 만들 수 있는지 생각해 보세요. 몇 가지를 만들 수 있나요?

정오각형 역시 정사각형과 마찬가지로 한 꼭짓점에 세 개까지만 모을 수 있기 때문에 한 가지 종류의 정다면체를 만들 수 있습니다. 정오각형 네 개를 모으면 360도가 넘어버리기 때문에 정다면체를 만들 수 없겠지요?

108°(정오각형 한 내각의 크기) ×4개 = 432°

※ 한 꼭지점에 모인 내각의 합이 360°이상이면 정다면체를 만들 수 없답니다.

이런 이유로 정오각형으로 만들 수 있는 정다면체는 정십이면체 한 가지랍니다.

정오각형에는 5개의 변이 있지요? 각 변에 5개의 정오각형을 하나씩 붙이면 6개의 정오각형이 사용되고 이런 모양을 2개 만들어 붙이면 정십이면체가 완성돼요.

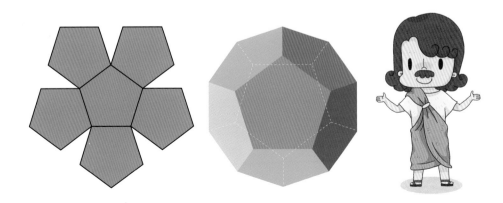

이제 정육각형을 생각해 봐요. 정육각형은 한 각이 120°이므로 3개가 한 꼭짓점에 모이면 120×3= 360°가 되어 입체를 만들 수 없습니다. 따라서 정육각형은 정다면체를 만들 수 없어요. 마찬가지로 한 각이 정육각형보다 큰 정칠각형, 정팔각형, 정구각형… 역시 정다면체를 만들 수 없답니다.

아래 그림은 다섯 개 정다면체의 전개도랍니다. 전개도를 통해 각 정다면체가 어느 도형으로 몇 개가 모여 만들어지는지 확인해 보세요.

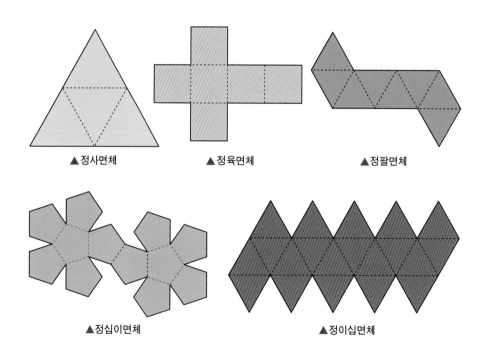

▲ 정사면체   ▲ 정육면체   ▲ 정팔면체

▲ 정십이면체   ▲ 정이십면체

색종이를 접어서 만드는 정육면체

다음과 같이 색종이를 접은 다음 구멍에 바람을 불어넣어 보세요.
정육면체가 만들어진답니다.

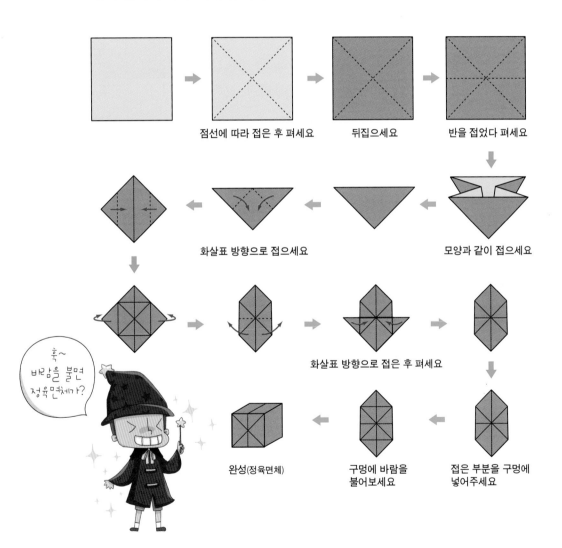

점선에 따라 접은 후 펴세요   뒤집으세요   반을 접었다 펴세요

화살표 방향으로 접으세요   모양과 같이 접으세요

화살표 방향으로 접은 후 펴세요

완성(정육면체)   구멍에 바람을
불어보세요   접은 부분을 구멍에
넣어주세요

훅~
바람을 불면
정육면체가?

정다면체, 만들어 볼까요?

1. 튀어 오르는 정십이면체

❶ 두꺼운 종이 위에 정오각형 6개를 그림과 같이 그려서 오려낸 다음 가운데 선을 접었다 펴주세요.

❷ 두 전개도를 접었을 때, 생기는 골이 마주보도록 하여 다음 그림과 같이 겹쳐 주세요.

❸ 아래 그림과 같이 고무 밴드가 2개의 전개도를 번갈아 교차하도록 감으면서 손으로 평평하게 눌러 주세요.

❹ 손을 조심스럽게 떼어 보면 정십이면체가 튀어 오를 거예요.

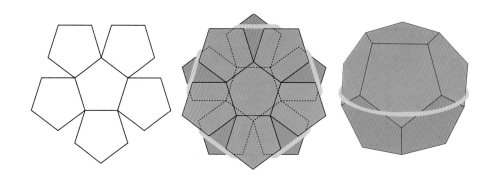

2.정사면체 퍼즐

아래와 같은 모양의 전개도가 있어요. 두 전개도를 접은 후 테이프를 붙여서 입체도형 두 개를 만들어 보세요. 만들어진 두 입체를 합쳐서 하나의 정다면체를 만들 수 있답니다. 어떤 정다면체가 만들어 질까요 (해답 및 부록의 전개도를 이용하세요)?

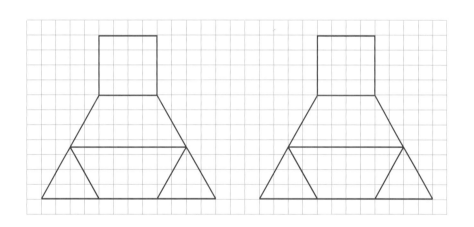

정다면체 재밌었나요? 직접 만들 수 있는 전개도가 있어서 재미있었을 거예요. 설마 눈으로만 보고 넘어간 건 아니겠죠? 정다면체를 만들어봤다면 잘했다고 스스로를 칭찬해주세요.

_____

_____

입체도형을
자르면 생기는 **단면**

아이들이 소라네 주방에 모였습니다.

"야, 너희는 감자 껍질을 벗겨! 나는 홍당무를 자를 테니까." 소라
가 말했습니다.

오늘은 모두 모여 직접 요리를 만들어 먹기로 약속한 날입니다. 아
이들이 부산하게 떠들며 요리를 만들고 있습니다. 오늘의 요리는 카
레라이스예요. 저마다 맡은 일을 열심히 하고 있습니다. 그 때, 홍당
무를 자르던 소라가 모두를 불렀습니다.

"애들아 이리 좀 와봐!" 소라의 말에 아이들이 소라 곁으로 모여들
었습니다.

"뭔데?" 혁이가 물었습니다.

"이것 봐. 홍당무를 자르는데, 자르는 방향에 따라 다른 모양들이 나타나잖아. 이것은 원이고 이것은 비스듬히 찌그러진 계란 모양이고 이것은 무지개 모양이잖아!"

"어머 어쩜 지금까지 몰랐던 건데, 이런 다양한 모양들이 나타나는구나." 아이들은 신기해하였습니다.

"박사님한테 가서 이것에 대해 여쭤보자!" 혁이가 제안하였더니 모두 좋다고 하였습니다.

아이들은 박사님에게 가서 소라가 홍당무를 잘라서 나온 모양들을 이야기했습니다.

"하하하 너희들이 중요한 것을 발견하였구나. 이렇게 입체도형을

자를 때, 생기는 면을 단면이라고 한단다. 입체도형은 어느 방향으로 자르는가에 따라 여러 가지 모양이 생기지."

박사님의 말에 소라가 맞장구를 쳤습니다.

"마자요! 원모양도 생기고 계란모양도 생겼어요."

소라의 말에 박사님은 다음 이야기를 시작했습니다.

"이것을 맨 처음 생각한 분은 옛날 그리스의 수학자 아폴로니우스라는 분이란다. 이 분은 홍당무와 같은 원뿔을 놓고 잘라서 생기는 면을 가지고 다음과 같은 도형을 만드셨지."

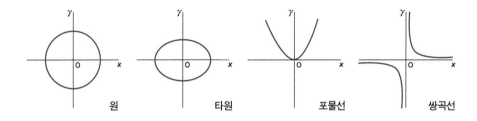

입체도형을 임의의 방향으로 자르면 모양들이 생긴답니다.

여러분도 집안일을 도와 무나 홍당무같은 야채를 썰어 본 적이 있지요? 그 때 나오는 다양한 모양들을 보면서 신기하다고 생각해본적이 있을 거예요?

지금부터 다양한 입체도형을 잘라보고 거기서 나오는 여러가지 단면에 대해 알아보도록 해요.

원뿔에서 나오는 모양들

소라가 자른 홍당무는 원뿔모양을 하고 있지요. 원뿔은 자르는 방향에 따라 다양한 모양이 나온답니다. 박사님이 말씀하셨듯이 아폴로니우스라는 수학자가 원뿔을 잘라서 다양한 단면을 만들었지요. 이처럼 원뿔을 잘라서 나오는 도형은 원뿔곡선이라고 한답니다.

메나이크모스와 아폴로니우스

사실 원뿔곡선을 처음 연구한 사람은 아폴로니우스가 아니라는 이야기도 있어요. 확실한 증거는 없지만 메나이크모스라는 수학자가 처음으로 원뿔곡선에 대해 정의하였다는 이야기가 전해져온답니다.

▲ 아폴로니우스

메나이크모스는 아폴로니우스와는 달리 원뿔을 옆면에 수직으로 잘랐을 때 어떤 모양이 나오는지 생각했습니다. 메나이크모스처럼 한 방향으로만 잘랐을 때는 원뿔의 꼭지각의 크기에 따라 서로 다른 단면이 나타나지요. 즉, 원뿔의 꼭지각이 예각·직각·둔각에 따라 다음 그림과 같은 단면이 나타난답니다.

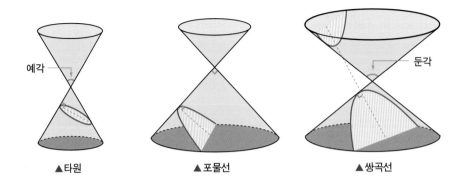

▲타원　　　　　　　▲포물선　　　　　　　　▲쌍곡선

　　위의 그림을 보세요. 원뿔이 예각일 때는 타원이 생겼어요, 직각일 때는 포물선이, 둔각일 때는 쌍곡선이 각각 생기는 것을 볼 수 있지요. 이런 메나이크모스의 원뿔곡선을 아폴로니우스가 더 발전시킨 것이 지금의 원뿔곡선이랍니다. 메나이크모스는 세 가지 종류의 원뿔에 대해서 각각 나타나는 모양을 연구했지만 아폴로니우스는 일정한 하나의 원뿔을 가지고 자르는 각에 따라 원뿔곡선을 파악하였답니다.

아폴로니우스의 원뿔곡선

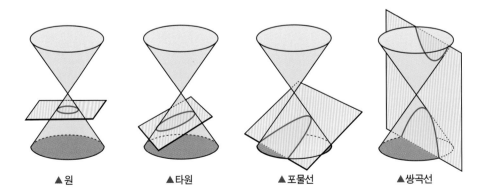

▲ 원　　　　　▲타원　　　　　　▲포물선　　　　　▲쌍곡선

앞의 그림은 아폴로니우스의 원뿔곡선이에요. 하나하나 살펴보도록 하겠습니다.

원뿔의 밑면 모양은 원모양이지요? 이 밑면과 평행하게 자르면 무슨 모양이 될까요? 그렇죠, 원이 됩니다. 두 번째 그림은 비스듬히 자르고 있지요? 이 단면의 모양을 타원이라고 한답니다. 세 번째 그림은 어떻게 잘랐지요? 원뿔의 옆선 방향으로 잘 보세요. 어떤 모양이 되었지요? 아치 모양이 되었죠? 이런 모양을 수학에서는 포물선이라고 한답니다. 포물선은 공을 위로 던져서 떨어지는 모양에서 볼 수 있는 곡선이에요.

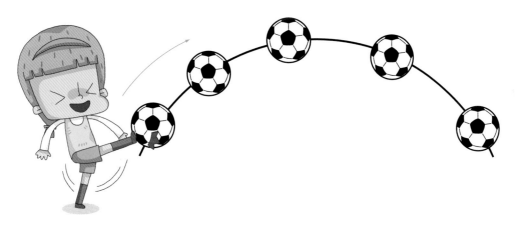

마지막은 원뿔을 위에서 수직 방향으로 잘랐을 때입니다. 어떤가요? 어떤 모양이 나왔지요? 이것 역시 곡선이지요. 이 곡선은 조금 전의 포물선과는 다른 곡선이랍니다. 이러한 곡선을 쌍곡선이라고 해요. 어때요? 신기하죠?

이처럼 원뿔은 어느 방향에서 자르는 가에 따라 다양한 모양이 나타난답니다. 주위에 있는 원뿔 모양을 찾아보고 실제로 이런 단면이 나오는지 확인해보는 것도 좋은 공부가 될 거예요.

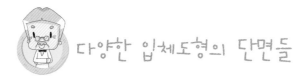

다양한 입체도형의 단면들

원뿔 말고도 다양한 입체도형들이 있지요. 어떤 도형이 있을까요? 여기서는 운동장에서 놀 때 가장 많이 사용하는 공과 정다각형 중에 하나인 정육면체의 단면에 대해 살펴보도록 하겠어요.

어느 방향으로 잘라도 같은 모양

공이 둥글게 생겼다는 것은 모두 알고 있을 거예요. 공과 같이 둥글게 생긴 물체나 모양을 구라고 합니다. 그럼 구의 단면은 어떤 모양이 나올까요? 여러분 주위에 구가 있다면 직접 한번 잘라보세요. 한 방향으로만 자르지 말고 다양한 방향으로 잘라보세요. 마땅히 자를게 없다고요? 그렇다면 지점토나 찰흙으로 둥글게 만들어서 잘라보면 어떨까요? 재미있는 만들기 시간이 되겠죠? 아참, 찰흙이나 지점토를 자를 때는 실로 자르면 쉽게 자를 수 있답니다.

　직접 단면을 잘라 봤나요? 무슨 모양이 나오죠? 잘라 본 친구들은 쉽게 대답할 수 있을 거예요. 공 모양의 구는 어느 방향으로 잘라도 항상 원이 된답니다. 어느 방향에서 자르느냐에 따라 원의 크기만 달라질 뿐 원이라는 것은 변하지 않아요. 원의 중심에 가까운 곳에서 자를수록 원의 크기가 커진답니다.

정육면체는 몇 가지 모양이 나올까?

　구는 어느 방향으로 자르던지 원 한 가지 모양만 나왔어요. 원과는 다르게 아주 다양한 단면을 가진 입체도형이 바로 정육면체랍니다. 정육면체는 몇 가지의 단면이 나올까요? 설마 정육면체가 정사각형이 모여 만들어 졌다고 정사각형 한 가지 단면이 나올 거라고 생각한 친구는 없겠죠? 다음 그림을 보면서 몇 가지가 나오는지 확인해 보세요. 정육면체의 단면은 아주 작은 차이로 모양이 달라질 수 있기 때문에 찰흙이나 지점토로 만들어서 잘라보면 쉽게 알 수 있겠지요?

① 삼각형   ② 이등변삼각형   ③ 정삼각형

④ 마름모   ⑤ 직사각형   ⑥ 정사각형

⑦ 사다리꼴   ⑧ 평행사변형   ⑨ 등변사다리꼴

⑩ 오각형   ⑪ 육각형   ⑫ 정육각형

정말 다양한 단면이 나오는군

모두 세어봤나요? 세 변의 길이가 모두 다른 ①삼각형, 두변의 길이가 같은 ②이등변 삼각형, 세 변의 길이가 같은 ③정삼각형, 네 변의 길이가 같은 ④마름모, 네 각이 모두 직각인 ⑤직사각형, 네 변의 길이와 네 각의 크기가 같은 ⑥정사각형, 한 쌍의 변이 평행한 ⑦사다리꼴, 두 쌍의 변이 평행한 ⑧평행사변형, 평행한 변을 제외한 두 변의 길이가 같은 ⑨등변사다리꼴, 이외에도 ⑩오각형, ⑪육각형, ⑫정육각형 모두 12가지 종류의 단면이 나온답니다. 정말 다양하죠. 그동안 배운 도형이 정육면체 안에 다 들어 있는 것 같네요.

신기하고 재밌는 단면 놀이

곰곰히 생각해 보세요. 위에서 본 모양은 원이고 옆에서 본 모양은 삼각형, 앞에서 본 모양은 사각형이 되는 입체가 있을까요? 무슨 도깨비 방망이도 아니고 말도 안 된다고 생각하는 친구들도 있을 거예요. 하지만 가능하답니다.

원기둥을 다음과 같이 잘라 보세요. 입에서 "아~!" 하는 탄성이 절로 나올 거예요. 정말 도형의 세계는 신기하고 재밌지 않나요?

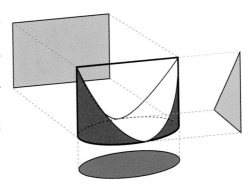

홍당무 자르기

홍당무는 무슨 모양이라고 했지요? 그렇습니다. 원뿔이었죠? 우리 주위에 원뿔모양이 어떤 것들이 있을까요? 여러분이 파티를 할 때 쓰는 고깔모자, 아이스크림콘의 과자부분이 생각날 거예요. 하지만 고깔모자나 아이스크림 과자는 자르기가 힘들어요. 그래서 홍당무를 이용해서 앞에서 배운 원뿔곡선을 직접 만들어 볼 거예요. 칼은 위험한 물건이니깐 조심해서 다루는 것 잊지 마세요.

일단 홍당무와 칼을 준비해야겠죠?

앞에서 배운 내용을 다시 한 번 떠올려 보면서 오른쪽의 사진처럼 홍당무를 잘라 보세요.

1. 먼저 원을 만들어 볼 거예요. 밑면과 평행하게 자르면 원이 나온다는 것 기억하죠? 사진을 보면서 홍당무를 잘라보세요. 어때요? 원이 나왔나요?

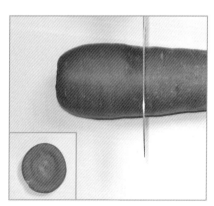

2. 다음은 앞에서 자른 홍당무를 비스듬히 자를 거예요. 달걀과 같은 타원모양이 나왔답니다.

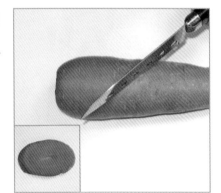

3. 이번에는 옆선을 잘랐어요. 높이 뜬 공이 바닥으로 떨어질 때 그려지는 모습과 같은 포물선이 모양이 나오나요?

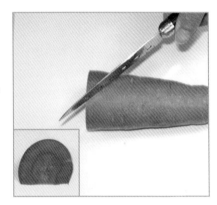

4. 마지막으로 홍당무를 세워놓고 위에서 수직으로 자르는 모습입니다. 포물선과 또 다른 곡선, 바로 쌍곡선을 볼 수 있을 거예요.

엄마를 도와 홍당무를 잘라볼까?

홍당무 자르기 재미있었나요? 여러분이 자른 홍당무는 깨끗이 씻어서 요리할 수 있으니 버리면 안돼요. 아! 이번 기회에 어머니를 도와 맛있는 요리를 해보는 건 어때요?

마침표 적고 가기

홍당무 자르기 직접 해봤나요? 그렇다면 어머니 도와드리기는요? 두 가지 모두 한 친구는 스스로를 칭찬해 주세요.

_____

_____

_____

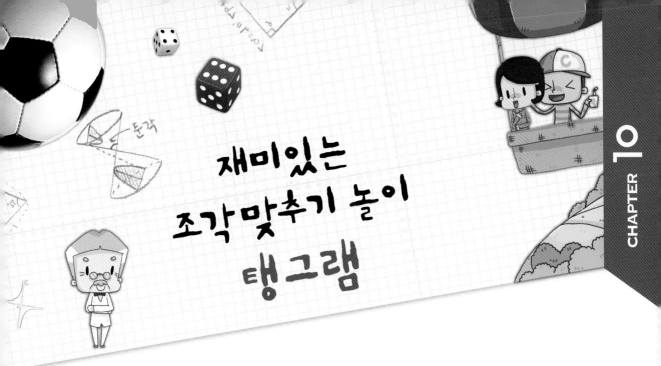

재미있는 조각맞추기 놀이 탱그램

CHAPTER 10

"박사님 오늘은 어떤 이야기 해 주실 거예요?"

미나, 미미, 소라, 혁이, 철이 모두 박사님이 해 주실 이야기를 기다리다 궁금하여 묻기 시작했습니다.

"음 오늘은 옛날 중국에서 있었던 이야기를 하지." 박사님 말이 떨어지자 모두 진지하게 박사님 말에 귀를 기울였습니다.

"옛날 중국에서 황제가 놀고 쉴 정자를 하나 지었는데 이 정자의 벽은 최고의 도공이 만든 예술 타일로 장식하였단다. 맨 마지막 타일한 장을 남겨두고 정자의 완공을 축하하는 잔치가 벌어졌지. 많은 신하와 기술자들이 모여 있는 가운데 황제가 직접 마지막 타일을 붙이는 행사를 하려고 하였단다. 왕이 타일을 가져오라고 명령하자 도공이 직접 타일을 가지고 황제 앞으로 한발 한발 나아갔지. 자, 다음 순간에 무슨 일이 벌어졌을까? 하하"

박사님이 웃으시며 이야기를 끊었습니다. 궁금해하던 혁이가 참지 못하고 박사님을 재촉하기 시작했습니다.

"박사님 빨리 다음 이야기해주세요. 어떻게 되었는데요?" 박사님은 빙그레 웃으시며 계속해서 다음 이야기를 시작했습니다.

"도공이 발걸음을 옮기다 그만 발을 접질려 넘어지고 말았단다. 물론 가지고 있던 타일도 떨어뜨려 깨져 버렸지."

"어머나 그래서 어쨌어요?" 미미가 흥미롭다는 표정을 지으며 물었습니다.

"거기에 있던 모든 사람들이 비명을 지르고 놀랐지. 그런데 정작 황제는 아무런 동요도 하지 않고 오히려 온화한 미소로 도공을 위로 하며 넘어진 도공을 일으켜 세웠단다. 그리고는 도공에게 명하여 조각난 타일을 다시 붙이라고 했지."

"그래서요? 그래서 도공이 타일을 모두 붙였어요?" 소라가 물었습니다.

"타일을 붙이려고 보니 7개의 조각으로 깨어졌고, 그걸 다시 모으다 보니 신기한 모양들이 만들어졌지. 도공은 다시 붙이려고 이리 저리 노력해 보아도 쉽지 않고 대신 더 많은 재미있는 모양들이 만들어졌단다. 이를 보고 있던 황제는 다양한 모양들이 신기하고 재밌었던지 껄껄 웃으며 직접 만들어 보겠다고 했지. 그로부터 많은 사람들이 7조각의 모양을 가지고 여러 가지 모양을 만드는 놀이를 즐기게 되었단다."

"이 놀이를 '7개의 조각으로 교묘하게 모양을 만드는 놀이' 라는 뜻으로 칠교 놀이라고 불렀단다. 이것이 전 세계로 전파되면서 서양에서는 탱그램이라고 이름 붙였지. 자, 우리도 칠교놀이의 재미에 푹 빠져 볼까?"

박사님이 이야기를 끝내자 눈치 빠른 혁

나도 탱그램을 즐겼지

▲ 나폴레옹

이가 재빨리 말했습니다.

"근데 박사님 오늘 이야기 진짜예요? 어째 좀 지어낸 것 같아요."

"이 녀석이 눈치 하나는 빠르네. 그래도 이 놀이가 중국에서 유래한 것은 진짜란다. 이 놀이가 재미있어서 나폴레옹도 즐겨했단다."

 정확히 알려지지 않은 탱그램의 유래

여러분도 김박사님의 이야기를 들으며 지어낸 것 같다는 느낌을 받았나요? 김박사님이 마지막에 말씀하셨듯이 탱그램의 정확한 유래는 전해지지 않고 있어요.

언제부터 시작되었는지는 확실히 알 수 없지만 중국에서 들어온 놀이라는 것은 알려져 있답니다. 손님이 왔을 때 음식준비를 하는 동안 손님이 지루하지 않게 시간을 보내는데 이 놀이를 했다고 해요. 이 놀이는 19세기 초부터 미국이나 유럽에서 크게 유행했고, 나폴레옹 장군은 전쟁에 패하고 섬에서 귀양살이를 할 때 이 놀이를 즐겨 했다고 해요.

여러분도 한 번 도전해 보세요. 얼마나 다양한 모양을 만들 수 있는지 친구들과 시합하면서 만들면 더욱 재미있겠죠?

재미있는 탱그램 직접 만들어 보세요.

탱그램은 여러분이 직접 만들 수 있어요. 직접 만들어 보면 더욱 애착이 가겠죠?

네모가 그려진 모눈종이를 준비해서 아래 그림을 참고하면 쉽게 만들 수 있답니다.

모눈종이로 직접 만들어 봐요

그림을 봐도 잘 모르겠다 싶은 친구는 '해답 및 부록' 에 있는 탱그램을 오려서 사용하세요.

다음 도형을 만들어 보세요.

탱그램 조각은 모두 준비했나요? 연습으로 다음에 나오는 모양을 만들어 보세요.

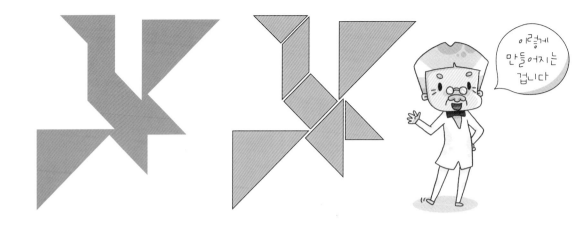

왼쪽에 있는 모양을 보고 만들어봤으면 오른쪽 그림을 통해 제대로 만들었는지 확인해보세요. 너무 쉬웠나요? 계속해서 다음 모양을 만들어보세요(⑤, ⑥번은 평행사변형 조각을 뒤집어서 만들어야 해요).

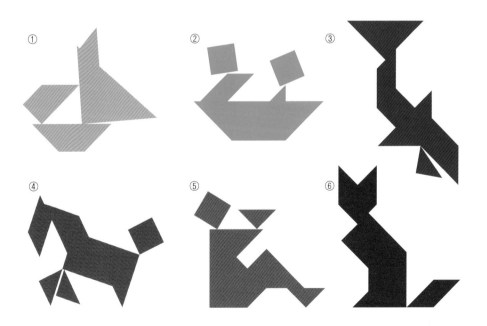

탱그램은 꼭 7개의 조각으로만 하는 것이 아니랍니다. 다음과 같이 종이를 4조각으로 나누고 그것을 가지고 아래의 모양을 만들어 보세요. 조각을 뒤집어야 모양이 완성되는 경우도 있답니다. 잘 생각해 보세요('해답 및 부록'에 조각이 있답니다).

이걸로 만들어봐요

위에서 그린 조각을 이용해서 만들어 주세요.

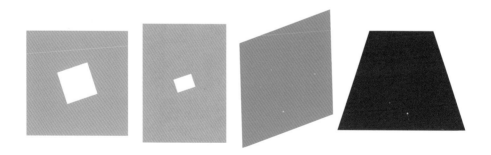

한 번에 쉽게 만든 친구 있나요? 안 된다고 포기하지 말고 자신감을 가지고 도전해보세요

다양한 종류의 조각 맞추기 놀이

탱그램 말고도 다른 조각들을 가지고 여러 모양을 만드는 게임들이 많이 있답니다. 이번에 맞춰볼 조각은 고대 이집트 고분에 남아 있는 디자인이나 캐릭터들로부터 고안된 것이에요. 현재는 전 세계적으로 독창적인 모형들을 개발하여 그 수가 무려 일만 가지가 넘는다고 해요. 여러분들의 지혜와 상상력을 총동원하여 문제를 풀어보세요.

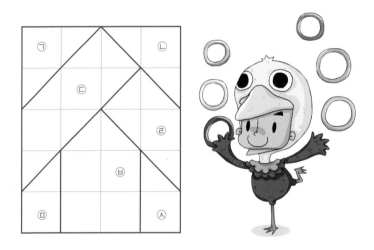

이 퍼즐판 역시 '해답 및 부록'에 준비되어 있답니다. 가위로 선을 따라 오린 다음 아래 문제들을 풀어보세요.

간단한 문제 풀기

조각의 변끼리 맞추어 길이가 같은 것을 찾아보세요.

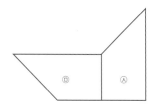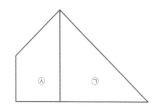

길이가 같은 변을 찾아보았으면 계속해서 다음 모양을 조각 두 개를 합쳐서 만들어보세요.

다양한 모양 만들기

일곱 개의 조각을 모두 이용하여 다음 모양을 만들어 보세요.

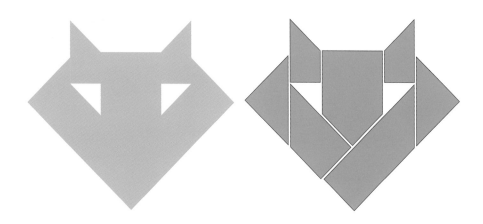

이제 연습은 끝났어요. 본격적으로 모양들을 만들어볼까요?

아래 모양들이 있죠? 7개의 조각을 모두 이용해서 만들어보세요.

한번에 안 된다고 포기하지 말고 계속해서 도전해보세요. 아래 그림을 모두 완성했다면 창의력을 발휘해서 다른 모양도 만들어보세요.

잘 만들어 보세요

조각으로 글자 만들기

다음 조각을 가지고 T자를 만들어 보세요.

어떻게
만들어야
T자가 될까요?

T자 만들기는 쉬웠나요? 이와 같은 글자 만들기 조각은 여러분이 원하는 모양대로 만들 수 있어요. 종이 위에 여러분이 원하는 숫자나 알파벳, 무엇이든 좋아요. 원하는 글자를 그려보세요.

한 가지 주의할 사항은 글자를 쓴다고 생각하면 안된다는 거예요. 그린다고 생각하고 조금 전에 맞췄던 T자처럼 두껍게 그려야 해요. 다음 그림을 보세요. A를 이용해 조각을 만들려고 해요. A를 두껍게 그린 것을 볼 수 있죠?

다 그렸으면 모양대로 오려주세요. 오린 글자를 아래 그림처럼 다양한 모양의 조각으로 자르면 글자 퍼즐이 완성 된답니다.

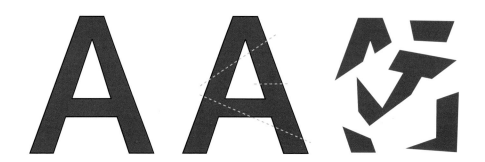

여러분은 몇 개의 조각으로 잘랐나요? 조각의 수가 많을수록 맞추기가 어려워져요.

친구와 함께 만든 후 서로 바꿔서 맞춰보면 더욱 재미있겠죠?

마침표 찍고가기

조각 맞추기 놀이는 여러분의 창의력을 발휘하면 할수록 다양한 모양을 만들 수 있답니다. 스스로 생각해서 만족할 만큼 다양한 모양을 만들었다면 스스로를 칭찬해 보세요.

_____

_____

_____

해답및
부록

궁금증을
풀어봅시다.

1장 직선과 직선이 만나면 생기는 각

14쪽 ㄱ,ㄷ은 직각보다 작은 예각, ㄴ은 직각보다 큰 둔각, ㄹ은 직각입니다.

15쪽 ① 140° ② 40° ③ 140° ④ 40°

20쪽 ①④⑤⑧ : 100° ②③⑥⑦ : 80°

22쪽 각의 이등분선 위의 점에서 각의 변에 이르는 거리는 같다.

24쪽 선분의 수직이등분선 위의 한 점은, 양 끝점과 같은 거리에 있다.

26쪽 한 걸음 더 ㉠ 25° ㉡ 115° ㉢ 55° ㉣ 90°

2장 쉽게 변형되지 않고 튼튼한 삼각형

36쪽
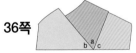

39쪽 둔각삼각형은 한 각이 직각보다 큰 ㉡입니다.

40쪽 직각삼각형 : ㉢ / 예각삼각형 : ㉠, ㉣ / 둔각삼각형 : ㉡, ㉤

42쪽 한 걸음 더

에펠탑 철골이 삼각구조로 튼튼하다고 했던 것 기억하지요? 같은 원리로 종이를 삼각구조로 만들기 위해 여러 번 접었다 폈답니다. 어때요? 볼펜이 떨어지지 않죠?

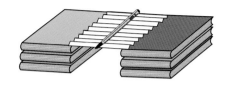

삼각형을 만들어보세요

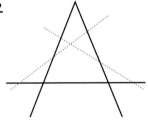

 3장 쉽게 볼 수 있는 도형 사각형

49쪽 ∠a와 ∠d는 대각이다.

변AB와 변CD는 대변이다.

50쪽 ㉠은 한 쌍의 대변이 평행한 사다리꼴입니다.

㉡은 두 쌍의 대변이 평행한 평행사변형입니다.

55쪽 한 걸음 더

나머지는 여러분이 창의력을 발휘해 보세요.

정사각형 1개

정사각형 2개

정사각형 3개

정사각형 4개

정사각형 5개

4장 모두가 평등한 원

68쪽

- **둘레 돌리기** 그림과 같이 놓여진 상태에서 왼쪽에 있는 동전을 오른쪽 동전의 둘레를 따라 반 바퀴 돌리면 숫자100의 모양은 처음과 같은 상태로 유지됩니다. 그 이유는 왼쪽에 있는 동전의 오른쪽 부분이 오른쪽 동전의 둘레를 따라 반바퀴 돌아서 밑으로 오기 때문입니다. 즉, 각각의 동전을 반바퀴 돌릴 때는 동전 자체가 회전하는 것이고 그림과 같이 놓고 돌리는 것은 하나의 기준점이 반바퀴 회전하는 것이기 때문에 차이가 있는 것입니다.

- **구멍의 비밀** 100원짜리 만한 구멍으로 500원이 빠져 나올 수 있답니다. 우선 구멍이 뚫린 종이를 반으로 접어보세요. 그리고 종이의 양쪽을 잡고 살며시 잡아당겨 보세요. 어때요? 구멍의 폭이 커졌지요? 이렇게 하면 쉽게 500원 짜리가 구멍을 통과할 수 있답니다.

- **동전의 이동**

 ## 5장 n개의 선분으로 이루어진 다각형

77쪽 팔각형의 대각선의 수는 $8 \times (8-3)/2 = 20$개 랍니다.

십각형의 대각선의 수는 $10 \times (10-3)/2 = 35$개 랍니다.

82쪽 한 걸음 더

 ## 8장 각 변의 모양과 크기가 같은 정다면체

128쪽 한 걸음 더

두 개의 입체 도형을 만들었나요? 입체도형에 보면 정사각형 부분이 있을 거예요. 두 입체도형의 정사각형 부분을 맞대고 돌려보세요. 정사면체가 '짠' 하고 나타난답니다.

 ## 10장 재미있는 조각 맞추기 놀이 탱그램

148쪽

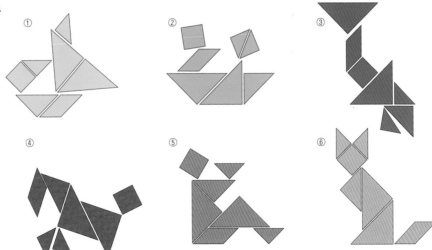

149쪽

151쪽

152쪽

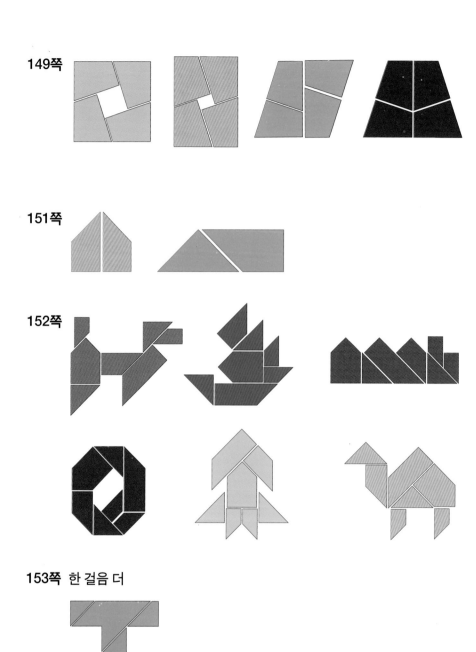

153쪽 한 걸음 더

126쪽에 활용(정사면체 전개도)

126쪽에 활용(정육면체 전개도)

예쁘게
접어봐요

어떤 모양이
됐나요?

126쪽에 활용(정팔면체 전개도)

정확히 잘라서
만들어 보세요

126쪽에 활용(정십이면체 전개도)

부록

126쪽에 활용(정이십면체 전개도)

두 개를 합치면 피라미드가 되요.

129쪽에 활용

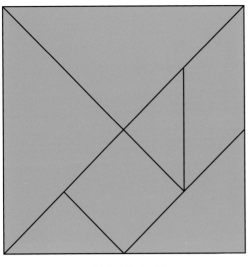

147쪽에 활용

149쪽에 활용

150쪽에 활용

153쪽에 활용

신항균

여러분을 재미있고 신나는 수학의 세계로 안내한 신항균 교수님은 성균관대학교 수학과를 졸업하고 같은 학교 대학원에서 이학박사 학위를 받았습니다. 졸업 후에는 공군사관학교, 우석대학교 교수를 역임했지요. 또한 미국의 애리조나 주립대학교 수학과 교환교수를 지내기도 했답니다. 현재는 서울교육대학교 수학과 교수로 예비 선생님들을 가르치고 계십니다. 뿐만 아니라 서울교육대학의 영재교육원 운영위원과 초등수학교육연구소 소장으로 수학 학습법 및 교재를 개발하고 수학 영재 양성에 힘쓰고 계시지요.

교수님은 여러분이 학교에서 공부하고, 또 공부하게 될 초등학교·중학교·고등학교 수학교과서 집필에도 참여했습니다. 번역한 책으로는 《수학사》, 《수학의 황제 가우스》, 《수학의 묘미》 등이 있고, 주요 저서로는 《수학사와 수학이야기》, 《클릭 수학나라》 등이 있습니다.

한언의 사명선언문

Since 3rd day of January, 1998

Our Mission ─ · 우리는 새로운 지식을 창출, 전파하여 전 인류가 이를 공유케 함으로써 인류문화의 발전과 행복에 이바지한다.

─ · 우리는 끊임없이 학습하는 조직으로서 자신과 조직의 발전을 위해 쉼없이 노력하며, 궁극적으로는 세계적 컨텐츠 그룹을 지향한다.

─ · 우리는 정신적, 물질적으로 최고 수준의 복지를 실현하기 위해 노력하며, 명실공히 초일류 사원들의 집합체로서 부끄럼없이 행동한다.

Our Vision 한언은 컨텐츠 기업의 선도적 성공모델이 된다.

저희 한언인들은 위와 같은 사명을 항상 가슴 속에 간직하고
좋은 책을 만들기 위해 최선을 다하고 있습니다.
독자 여러분의 아낌없는 충고와 격려를 부탁드립니다.
· 한언 가족 ·

HanEon's Mission statement

Our Mission ─ · We create and broadcast new knowledge for the advancement and happiness of the whole human race.

─ · We do our best to improve ourselves and the organization, with the ultimate goal of striving to be the best content group in the world.

─ · We try to realize the highest quality of welfare system in both mental and physical ways and we behave in a manner that reflects our mission as proud members of HanEon Community.

Our Vision HanEon will be the leading Success Model of the content group.